QUE SAIS-JE ?

La fu[illegible]cleaire

JOSEPH WEISSE
Ancien élève de l'École Polytechnique

5e mille

ISBN 2 13 053309 4

Dépôt légal — 1re édition : 2003
Réimpression de la 1re édition : 2005, avril

AVANT-PROPOS

Beaucoup d'animaux disposent d'éléments de langage qui leur permettent de communiquer entre eux ; certains manipulent avec adresse de vrais outils mais aucun n'est capable de faire et d'entretenir un feu. Cela est si vrai que l'on a pu dire que c'est la maîtrise du feu qui signe la naissance de l'humanité. En tous les cas c'est bien à partir de la maîtrise du feu que l'on voit apparaître chez l'homme cette quête qui le met en route vers autre chose que sa simple survie.

Dès le début, l'utilisation du feu a des impacts très divers : chaleur, protection, lumière, transformation des aliments et des minéraux. À vrai dire, le problème posé est plus général que le feu lui-même : la question est celle de l'utilisation de l'énergie sous toutes ses formes. Ainsi, avant l'apparition des « machines à feu », pendant tout le temps où le feu ne pouvait se substituer à l'énergie mécanique, l'homme s'est efforcé de trouver celle-ci dans l'énergie du vent ou dans celle de l'eau qui court mais surtout dans la domestication des animaux et, malheureusement aussi, dans l'asservissement de ses semblables.

Depuis toujours l'homme contemple une autre source d'énergie, les étoiles, et plus particulièrement *son* étoile, le soleil. Depuis moins de cent ans, il sait enfin l'origine de ce feu bien singulier, mais il sait aussi désormais que Prométhée ne lui en offrira pas un morceau pour qu'il puisse s'en servir à sa convenance. Cependant, depuis maintenant un peu moins de dix ans, il est arrivé à reproduire ce phénomène dans ses laboratoires et il imagine la façon d'en tirer la plus universelle et la plus souple des formes de l'énergie, l'électricité. Ainsi à notre époque où la faim énergétique est plus grande que jamais, une porte s'est ouverte. C'est cette porte que l'on va franchir et on verra qu'un chemin nous invite à aller plus loin, mais aussi qu'un défi nous attend.

Chapitre I

LES PLASMAS ET LA FUSION NUCLÉAIRE

I. – Les grands principes

Le feu est un fait commun et à son propos se sont développées quelques idées passées dans le langage courant sous les mots de chaleur ou de température. Pourtant dès que l'on tente de comprendre un peu mieux ces mots, on se rend compte que si leur usage est sans ambiguïté, leur vrai sens est plus difficile à saisir. Il n'y a rien d'étonnant à cela car les physiciens eux-mêmes ont mis longtemps avant de les débarrasser des représentations fausses qui les accompagnaient. Dans tout ce qui suit, nous allons parler en permanence de gaz portés à des températures inhabituellement élevées. Pour bien comprendre ce qui se passe dans ces circonstances, qui ne sont communes que dans les étoiles et les laboratoires spécialisés, il convient de revenir sur cette notion de température afin de lui donner un sens à la fois précis et intuitif. Pour cela, on va reprendre l'idée commune de température et l'examiner à la lumière de ce que nous savons du caractère « atomique » de la matière.

1. **Qu'est-ce que la température ?** – Prenons un de ces ballons retenus par une ficelle dans la main des en-

fants ; ce ballon est rempli d'un gaz très léger, l'hélium. La physique moderne nous apprend que ce gaz, comme toute matière, est constitué d'une multitude de petites parties, les atomes – ici des atomes d'hélium – que l'on assimilera, pour l'instant, à de petites sphères dures. Ces atomes, qui ne sont pas du tout collés les uns aux autres – beaucoup de vide les sépare – vont et viennent en tous sens, se heurtant entre eux et rebondissant sur les parois du ballon. Ce tableau étant dressé, on peut parler de température. La température du gaz contenu dans le ballon, lorsqu'elle est exprimée en unités adaptées, est tout simplement égale à l'énergie moyenne d'agitation des atomes de ce gaz. On voit donc qu'augmenter la température d'un gaz c'est augmenter la vitesse d'agitation des particules qui le composent. À titre d'exemple et pour fixer les idées, disons que, dans l'atmosphère qui nous entoure, l'oxygène se présente sous la forme de deux atomes liés qui composent la molécule d'oxygène ; les petits haltères ainsi formés se déplacent en tourbillonnant à quelque 500 m par seconde. À des températures plus élevées nous verrons plus loin que les vitesses sont plus grandes encore. Soulignons tout de même que la masse des particules intervient et qu'à une température particulière correspond une valeur de vitesse moyenne d'autant plus grande que les particules concernées sont plus légères. Ainsi, si deux gaz sont mélangés et à même température, ce sont les particules les plus légères qui seront animées des vitesses les plus grandes.

Avec cette façon de voir la température, il devient possible d'anticiper quelques effets très importants qui se produisent dans les gaz à température élevée. Imaginons pour commencer que dans le milieu considéré nous n'ayons pas affaire à des atomes individuels mais à des paquets d'atomes solidaires, les molécules. L'augmentation de la température, en augmentant la violence des chocs, rendra inévitable l'éclatement des molécules. Ainsi, et c'est bien ce que l'on constate, la température, pourvu qu'elle soit assez forte, arrive à détruire toutes les liaisons chimiques, qui sont à l'origine de la constitution des molécules. On ne s'étonnera donc pas que, à température élevée, on n'ait que des corps simples ou des mélanges de corps simples.

Examinons maintenant un deuxième effet, tout à fait important pour ce qui nous occupe ici. Mais avant, il nous faut faire évoluer sensiblement notre modèle d'atome car l'atome n'est une petite sphère qu'au premier abord. En fait, il se compose d'un noyau électriquement positif et lourd entouré d'un nuage d'électrons, petites particules légères et électriquement négatives. Électrons et noyau s'attirent et le tout est évidemment neutre comme la matière elle-même. Ce nouveau modèle s'appelle le modèle « planétaire », car il ressemble au système solaire où le soleil, massif et lourd, occuperait la place du noyau et les planètes, petites et légères, occuperaient la place des électrons. Avec ce modèle un peu plus raffiné, reprenons notre étude du mouvement de croissance des températures. Les atomes se heurtent de plus en plus fort et, on l'aura deviné, la liaison entre les électrons et le noyau va se briser.

Arrêtons-nous un instant au point où apparaît ce phénomène nouveau. Dans un gaz porté à température convenable, on va voir les atomes de ce gaz perdre progressivement leurs électrons. De tels atomes ayant perdu tout ou partie de leurs électrons sont appelés des ions et l'on dit que le gaz s'ionise. L'ensemble du gaz restant neutre, les électrons, détachés mais toujours présents, sont devenus en quelque sorte indépendants des noyaux auxquels ils étaient précédemment liés. Tout se passe comme si on avait affaire à deux gaz mélangés : un gaz d'électrons et un gaz d'ions. Il est bien évident que les propriétés de ce milieu sont profondément différentes de celles d'un gaz « ordinaire ». En particulier, grâce aux charges électriques rendues mobiles, le milieu est maintenant un excellent conducteur d'électricité alors que tous les gaz sont, au contraire, des isolants électriques ; d'autres effets apparaissent également, comme l'émission de divers rayonnements ou bien une certaine sensibilité au champ magnétique. Ainsi, si l'on fait croître la température en partant de l'état solide caractérisé par ses atomes rigidement liés, on passe d'abord par l'état liquide où les atomes glissent les uns sur les autres, puis par l'état gazeux où les atomes sont devenus indépendants et, enfin, on atteint cet état singulier que l'on vient de décrire et auquel on donne le nom de plasma. On parle aussi, parfois, du quatrième état de la matière. Un exemple banal de cet état est fourni par le fonctionnement du tube fluorescent où une infime quantité de matière est portée à 100 000° et se trouve à l'état de plasma. Un autre exemple, naturel celui-là, que l'on peut observer en permanence, est fourni par les étoiles, et plus particulièrement notre soleil, entièrement constitué de plasma chaud. C'est pourquoi maintenant nous allons nous intéresser à ce qui se passe au sein du plasma qui occupe le centre du soleil et où règnent des températures de 15 millions de degrés.

2. **Un petit détour par les étoiles.** – Dans ce qui précède, nous avons commencé à gravir l'échelle des températures jusqu'aux valeurs des températures stellaires. On pourrait continuer ainsi jusqu'à des valeurs bien plus grandes encore et c'est d'ailleurs ce que l'on réalise quotidiennement dans les accélérateurs de particules où l'on sait reproduire, au cours de brèves collisions, les conditions de température qui prévalaient au début de l'univers (10^{15} K pour le grand accélérateur de Genève). Nous allons rester beaucoup plus modeste dans nos ambitions. En effet, dans les plasmas portés à des températures certes élevées mais bien moindres que celles évoquées ci-dessus, s'introduit un phénomène capital qui ne se produit qu'avec des atomes légers.

Une étoile est, pour l'essentiel, un plasma d'hydrogène, l'hydrogène étant le plus léger de tous les atomes ; dans ce plasma d'hydrogène, les ions se heurtent et se repoussent naturellement puisque leurs charges électriques sont les mêmes. Si la trajectoire de deux ions les amène à se rencontrer, la force de répulsion aura pour effet de les ralentir puis de les dévier et ils s'éviteront avant d'être trop proches l'un de l'autre. Mais si le choc est un choc « bille en tête » et que la vitesse des ions est suffisante, les deux ions vont s'approcher de si près, qu'ils vont entrer dans le champ, très court, de la force nucléaire. Cette force attractive entre les ions est bien supérieure à leur répulsion électrique. En conséquence, les deux ions vont se coller l'un à l'autre et constituer un ion unique plus lourd : on dit que les noyaux ont fusionné.

C'est ainsi que dans le four qu'est une étoile, se cuisinent, à partir de l'hydrogène, tous les corps qui nous constituent et constituent l'univers, le carbone, l'oxygène, le fer, etc. La fusion nucléaire commence quelques brefs instants après la naissance de l'univers (le Big-Bang) et se poursuit encore aujourd'hui, pour continuer à engendrer constamment la matière dont est fait notre monde. Et ce n'est pas tout. Si l'on pèse les ions avant la collision et que l'on pèse l'ion qui en résulte après la collision, on constate qu'il manque un peu de matière. Cette matière, selon la célèbre formule d'Einstein ($E = mc^2$), s'est transformée en énergie. De façon tout à fait concrète, l'ion qui résulte de la fusion des noyaux a une vitesse plusieurs dizaines de fois supérieure à celle qu'avaient les ions de départ. C'est évidemment l'intérêt majeur de la réaction de fusion : à condition de pouvoir être maîtrisée sur terre, la fusion des atomes d'hydrogène peut être une source d'énergie.

Avant de retourner à notre terre et à nos soucis, essayons d'en apprendre un peu plus sur la façon dont la nature s'y prend pour faire fonctionner ces immenses sources de lumière et de chaleur que sont les étoiles. On sait maintenant qu'une étoile se constitue à partir d'un immense nuage d'hydrogène relativement raréfié ; ce nuage va lentement se contracter sous l'effet de la loi de la gravitation universelle, qui veut que toutes les masses s'attirent. Les atomes d'hydrogène vont donc se mettre à tomber les uns sur les autres en même temps qu'ils tombent vers le centre du nuage. Le premier effet de cette chute est que les atomes d'hydrogène prennent de la vitesse ; mais, eu égard aux collisions qu'il y a entre ces atomes, la vitesse se traduit sous forme de température et le gaz hydrogène se met à chauffer. Lorsque la température est suffisante, comme il a été dit plus haut, commence la fusion des ions d'hydrogène, laquelle engendre des ions d'hélium. Cette réaction donne lieu à une formidable production d'énergie. Observons alors le deuxième effet lui aussi très important : la force d'attraction due à la gravitation maintient toutes les particules ensemble. On dit qu'elle confine les particules, c'est-à-dire qu'elle en évite la dispersion et permet donc un fonctionnement constant. C'est ainsi que, si une collision ou tout autre phénomène chassait une particule vers l'extérieur, celle-ci entreprendrait certes un tel mouvement mais simultanément la force de gravitation aurait pour effet de la freiner et de la remettre en situation de chute vers le centre du nuage.

Le mécanisme fondamental de production d'énergie par la fusion des ions hydrogène doit donc s'envisager, comme dans les étoiles, sous trois aspects que nous reprendrons en détail : un matériau de base fait d'atomes légers, un principe de chauffage de ce matériau jusqu'à une température convenable et un principe de confinement du plasma qui évite la dispersion et le refroidissement des particules.

3. **Retour sur terre.** – Maintenant que le cadre très général est posé, essayons de fixer les conditions à remplir concrètement pour pouvoir utiliser les réactions de fusion de façon profitable.

Tout d'abord, quels sont les atomes légers que nous devons utiliser ? Les expériences de collisions d'atomes faites en laboratoire nous montrent que, d'évidence, la réaction de fusion la plus facile à réaliser met en œuvre deux atomes de deux variétés d'hydrogène, le deutérium et le tritium. De manière plus technique, on parle de deux isotopes de l'hydrogène et la réaction s'écrit :

D + T ⟶ He + n

Fig. 1. – La réaction de base de la fusion nucléaire

Sous les symboles, on a représenté de façon simple les noyaux des atomes en cause. À gauche de la flèche, donc avant la réaction, on trouve les noyaux de deutérium et de tritium composés d'une seule particule positive (le proton) et respectivement de un et de deux neutrons, le neutron étant, comme son nom l'indique, une particule neutre dont la masse est proche de celle du proton. À droite de la flèche est représenté l'état après la réaction de fusion, et l'on a un atome d'hélium (deux protons et deux neutrons) et un neutron libre. Dans cette réaction, le bilan énergétique est fortement positif puisque si l'on considère que l'énergie des atomes de deutérium et de tritium est 2 (1 pour le deutérium et 1 pour le tritium qui sont à la même température), alors l'énergie est de 37 pour l'atome d'hélium et 140 pour le neutron libre. Entre l'énergie des particules au départ et l'énergie des produits de la réaction, on a donc un gain largement supérieur à 100.

Les expériences de collisions atomiques ont désigné les atomes les plus intéressants mais ces expériences nous apprennent de plus qu'il ne faut pas espérer produire de l'énergie en procédant par tir direct d'un faisceau de deutérium sur une cible froide de tritium. En effet, dans plus de 99 cas sur 100, la particule projectile est freinée, et ce, jusqu'à ne plus pouvoir réagir : les collisions banales avec déviation et ralentissement sont bien plus nombreuses que les collisions entraînant la fusion des noyaux d'atomes. En revanche, le résultat est fort différent dans un gaz chaud fait d'un mélange à parts égales de deutérium et de tritium. Dans ce cas, l'énergie n'est pas perdue lors d'une collision banale, elle est seulement échangée entre les ions qui constituent le combustible ; les ions vont ainsi produire beaucoup d'autres collisions au sein du même gaz et parmi celles-ci l'une d'elles pourra être favorable. La fusion des noyaux doit se faire au sein d'un gaz chaud et c'est pour cela que l'on parle de fusion *thermonucléaire*. On voit que s'introduit ici une condition essentielle. En effet, comme les réactions de fusion ne peuvent se produire qu'avec des ions suffisamment rapides, il est impératif que ces particules ne perdent pas, par d'autres processus, trop d'énergie durant toute la durée des collisions infructueuses. Mis en termes simples, ceci revient à dire que le mélange gazeux ne doit pas se refroidir trop vite.

Il faut être un peu plus précis. Après la réaction de fusion, le devenir de l'ion hélium est fort différent de celui du neutron. En effet, le neutron, petit et sans charge électrique, quitte rapidement et en ligne droite le plasma avec lequel il n'a pratiquement pas d'interaction. Son énergie n'est cependant pas perdue : elle sera récupérée sous forme de chaleur dans la paroi matérielle où il ira s'absorber. L'hélium, quant à lui, est un ion et, comme tel, il va au contraire interagir fortement avec les électrons et les ions du plasma. Parce que l'hélium est l'ion le plus énergétique, c'est lui qui, petit à petit, va céder son énergie aux particules plus froides qu'il rencontre. Comme dans les étoiles, les réactions de fusion sont donc une source de chaleur à l'intérieur même du plasma.

Il est bien évident que la situation que l'on cherche à atteindre est précisément celle où cette source de chaleur interne, les ions hélium, compense toutes les pertes que subit inévitablement le plasma. On dit alors que l'on est à l'ignition, un état permanent de combustion qui se maintient pourvu qu'une alimentation régulière en combustible soit assurée. Les conditions à remplir pour atteindre cet état ne sont pas difficiles à formuler et, tous calculs effectués, on trouve une formule simple appelée critère d'ignition (très voisine d'une formule plus ancienne appelée critère de Lawson) qui s'écrit :

à T = 100 millions de degrés, il faut que

$n * \tau > 10^{20}$ par mètre cube et par seconde,

où n, en nombre de particules par mètres cubes, est la densité (plus celle-ci est élevée, plus le nombre de collisions par seconde est grand) et τ en secondes est le temps typique de refroidissement du plasma de deutérium et de tritium généralement appelé temps de confinement de l'énergie.

Au moins dans son principe, cette formule est relativement intuitive. Elle énonce simplement que plus est court le temps pendant lequel le milieu reste chaud, plus doit être grand le nombre de collisions par seconde. La valeur numérique du second membre fixe un seuil pratique qu'il faut dépasser. On s'aperçoit tout de suite que ce seuil est élevé et qu'il n'est pas aisé d'obtenir un milieu où la fusion nucléaire s'entretienne.

4. **Les deux voies de recherche.** – Avec ce que nous savons maintenant, il est plus facile de comprendre les principes et les problèmes fondamentaux des deux grandes voies de recherche qui se sont développées pour tenter de maîtriser l'énergie de fusion. Aussi, revenons un instant au point de départ. On suppose que l'on dispose d'un plasma chaud pour l'instant abandonné à lui-même, dans ces conditions, il a tendance à se disperser rapidement. Pour fixer un peu les idées concernant ce phénomène, on peut dire que les particules du plasma s'éloignent les unes des autres dans toutes les directions à la vitesse des plus lourdes d'entre elles c'est-à-dire à la vitesse des ions, ceux-ci se déplaçant tout de même à 1 000 km par seconde. On a donc cherché à éviter cette dispersion, c'est-à-dire à confiner le plasma. Des parois matérielles ayant pour effet, au mieux, de refroidir gravement le plasma et, au pire, d'absorber les particules, on s'est orienté vers les champs magnétiques. Or, on s'est rapidement aperçu que les champs magnétiques ne peuvent confiner, aux températures qui nous intéressent, que des densités de gaz très faibles. D'après la formule ci-dessus, il faut alors que les temps de confinement soient plus grands. Dans la voie de la fusion par confinement magnétique (c'est ainsi que s'appelle cette voie de recherche), il faut que les temps de confinement soient supérieurs à la seconde. Une seconde peut paraître un court instant. Pourtant la difficulté matérielle est bien réelle et pour l'illustrer on peut dire

qu'un ion doit replier sa trajectoire au moins 100 000 fois si l'enceinte dans laquelle il doit rester mesure 10 m. Or, du fait des collisions, la trajectoire est nécessairement une trajectoire relativement chaotique et, de plus, il n'est pas question que la particule touche les parois puisqu'un tel contact signifierait sa disparition. Ces conditions appliquées à toute une population de particules en interaction n'ont été réalisées de façon satisfaisante que récemment et dans des configurations magnétiques bien spécifiques.

Historiquement, la découverte du laser a permis de se reposer le problème dans des termes différents. Revenons une fois encore à notre plasma qui, sans autre précaution, a tendance à se disperser en très peu de temps. Ce temps, pour petit qu'il soit, n'est cependant pas nul ; disons qu'il est de l'ordre du milliardième de seconde. Mais, justement, les lasers permettent de délivrer dans ces temps-là des quantités d'énergie qui, *a priori,* semblent suffisantes pour, à la fois, comprimer et chauffer une petite cible qui ensuite produit son énergie pendant le bref moment de la dispersion. Il en résulte un nuage très chaud d'hélium et de neutrons qui abandonnent l'énergie créée dans la paroi environnant l'installation. Ce procédé est-il plus facile que la fusion magnétique ? Là aussi, pour donner ne serait-ce qu'une petite idée de la difficulté, il faut revenir au critère d'ignition. Cette fois-ci le temps de confinement de l'énergie est très court puisqu'il est au plus égal au temps de dispersion de la cible. En conséquence la densité utilisée est nécessairement très forte, et, pour être pratique, disons qu'elle doit être à peu près 1 000 fois supérieure à la densité des matériaux solides ordinaires. Le laser doit donc assurer à la fois une compression extrême de la matière et, en fin de compression, un chauffage suffisant, la suite du processus se passant alors comme une micro-explosion. Cette voie est dite la voie du confinement inertiel, puisque le seul effet qui confine les particules est leur inertie, toute relative.

Les deux voies qui viennent d'être présentées sont poursuivies assidûment, mais sous des statuts bien différents. Autant la fusion magnétique, qui n'a d'autre application possible que la production d'énergie, se développe dans un cadre international très ouvert, autant la fusion inertielle dont on attend surtout la simulation des armes nucléaires progresse dans le cadre très réservé des recherches classées « Défense ». Est-ce à dire que la fusion inertielle ne puisse déboucher sur des applications énergétiques ? Certainement pas et nous y reviendrons lorsque seront abordées les perspectives des réacteurs futurs.

5. **Les mesures.** – Mais avant d'aller plus loin il faut répondre à la très intéressante question qu'un lord anglais posa lors de l'installation d'une importante expérience scientifique en Angleterre : « Mais avec quel thermomètre mesurent-ils ces températures ? » On ne peut en effet en rester à la réponse qui lui fut alors adressée par l'un de ses pairs : « My lords ! le thermomètre doit certainement être très grand ! »[1]

Envisageons d'abord la mesure des densités très faibles pratiquées couramment dans les laboratoires de fusion par confinement magnétique et précisons que

1. Échange ayant eu lieu entre le comte Ferrers et le vicomte Davidson à la Chambre des lords le 19 mars 1987.

« densités très faibles » veut dire ici densités très faibles par rapport à notre pratique ordinaire. La densité des plasmas de fusion magnétique ne dépasse que de peu le millionième de la densité de l'atmosphère dans laquelle nous baignons ; à dire vrai, il s'agit d'un bon vide. Le procédé que l'on emploie pour mesurer ces densités est le suivant. On commence par envoyer verticalement dans le plasma un faisceau laser ; lorsque ce rayon croise des électrons du plasma, ceux-ci absorbent la lumière du rayon et la renvoient dans toutes les directions : on dit que les électrons diffusent la lumière. Ce phénomène n'est pas sans rappeler la façon dont de très petites quantités de poussière se rendent visibles par la diffusion qu'elles occasionnent à l'intérieur d'un rai de lumière traversant une pièce obscure. Le mécanisme intime de la diffusion est différent mais le principe est bien le même. En observant suivant une visée horizontale un rayon laser qui se propage verticalement, aucune lumière n'atteint l'observateur s'il n'y a pas d'électrons, mais aussi on recueille d'autant plus de lumière qu'il y a davantage d'électrons présents dans le faisceau laser, chacun de ces électrons devenant alors une petite source secondaire. La quantité de lumière reçue est donc une mesure de la densité du gaz d'électrons. Notons en passant que la visée peut être faite en différents points du faisceau laser et assurer ainsi une mesure en différents points du plasma. L'exemple cité de la poussière met bien en évidence que la mesure permet de détecter des quantités infimes de matière. Pour permettre une mesure confortable il faut disposer d'un fond très noir qui évite tout retour de lumière parasite, d'une source laser suffisamment puissante et de récepteurs de lumière très sensibles (photomultiplicateurs). La plupart des installations expérimentales disposent de ces mesures de façon tout à fait routinière et utilisent même des dispositifs plus sophistiqués permettant des mesures à des intervalles de temps très rapprochés.

Passons maintenant à la détermination de la température des électrons dont nous venons de mesurer la densité. Pour cette détermination, on utilise toujours le dispositif précédent, mais on va un peu plus loin dans l'analyse de la lumière reçue. Au lieu de se contenter de mesurer l'intensité globale de la lumière diffusée, on examine aussi en détail sa composition à l'aide d'instruments prévus à cet effet, les spectromètres. Ces appareils permettent, comme les prismes, d'étaler la lumière pour voir les couleurs qui la composent. On s'aperçoit alors que la lumière qui, au départ, avait une couleur unique fixée par le laser recouvre, après diffusion, toute une gamme de couleurs ; on dit que la lumière présente un « spectre ». En effet, les électrons laissent dans la lumière qu'ils diffusent l'empreinte de leur vitesse sous forme d'un petit changement de couleur, de la même façon que l'automobile laisse l'empreinte de sa vitesse dans le faisceau qu'elle renvoie en direction du radar qui guette au bord de la route : c'est l'effet Doppler. Avec ce qui a été dit de la température, on comprend aisément qu'un peu de mathématique suffit pour passer de l'écart de couleur à la vitesse moyenne des électrons et de leur vitesse moyenne à leur température. Mais faisons encore à ce propos deux remarques. Tout d'abord, comme précédemment, on voit que l'on peut déterminer la température en différents points du plasma : on a donc bien mieux qu'une température moyenne et l'on peut dire, par exemple, comment varie cette grandeur en allant du centre du plasma vers son bord. On imagine aisément qu'il s'agit là d'une information précieuse. Mais, et c'est la deuxième remarque, on voit aussi que plus la température est élevée, plus les écarts de couleurs sont grands, et donc plus la mesure est aisée. Ainsi dans un plasma typique, les températures très élevées du centre seront plus faciles à mesurer que les températures bien plus basses que l'on trouve au bord.

Concluons en disant que si, évidemment, bien d'autres mesures sont pratiquées, celles-ci montrent déjà comment l'on peut intervenir avec précision dans un milieu chaud et fragile sans nécessairement le perturber. Ajoutons, de plus, que les difficultés ne croissent pas obligatoirement avec la température ; ce peut même être l'inverse.

II. – **Le chauffage**

On a vu qu'à l'ignition aucun chauffage appliqué depuis l'extérieur n'était nécessaire puisque les réactions de fusion entretiennent elles-mêmes la température. Ce chauffage est appelé le chauffage α (prononcer : *alpha*), du nom du symbole généralement employé pour désigner les ions hélium à l'origine de la chaleur. Mais pour bénéficier de ce chauffage, encore faut-il dépasser préalablement quelques dizaines de millions de degrés. Pour parvenir à porter un gaz à ces températures, trois grands procédés peuvent être envisagés, et d'ailleurs sont souvent simultanément présents sur les dispositifs expérimentaux actuels dans lesquels le chauffage α ne peut pas encore intervenir. Lors de la description du principe de fonctionnement de chacun d'entre eux on se souviendra que de toute façon les puissances de chauffage qu'il faut appliquer se chiffrent toujours en dizaines de mégawatts. Les équipements que nous allons examiner sont donc, évidemment par leur rôle, mais aussi par leur taille et les servitudes qu'ils entraînent, des composants importants de toute expérience actuelle et de tout réacteur futur.

1. **Le chauffage ohmique.** – Une première méthode de chauffage est largement employée depuis le début des travaux sur les gaz ionisés. Son principe est simple. On utilise une décharge électrique pour, à la fois, créer et chauffer le plasma. Aidons-nous de la figure 2 pour en décrire le procédé.

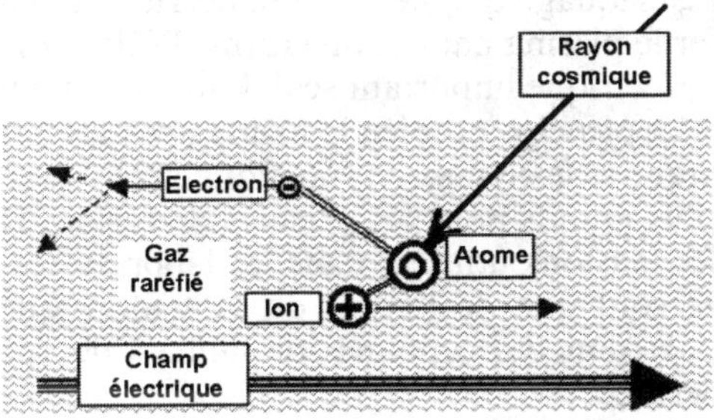

Fig. 2. – Ionisation du gaz et début de l'avalanche

Un gaz contient toujours quelques ions et quelques électrons libres dus en particulier à l'effet ionisant des rayons cosmiques qui laissent des particules chargées tout le long de leur parcours dans la matière. Si un champ électrique convenable est présent et que la pression du gaz est judicieusement choisie, alors ces particules prennent de la vitesse puis, par leurs chocs sur le gaz neutre, engendrent d'autres ions et d'autres électrons. Les ions et les électrons ainsi produits se mettent eux-mêmes en mouvement, accélèrent, produisent d'autres particules et bientôt, par un effet d'avalanche, portent un courant électrique important : c'est le « claquage ». Les particules en mouvement dissipent par leurs collisions leur énergie dans le milieu environnant, provoquant ainsi l'échauffement du plasma que l'on vient de créer. Cet effet d'échauffement est vrai pour un plasma comme pour toute résistance électrique, que ce soit le filament d'une lampe ou la résistance d'un radiateur : l'énergie portée par le courant est dispersée dans la matière où le courant circule. Le claquage qui vient d'être décrit n'est pas sans rappeler le plasma naturel que forme l'éclair lorsqu'un champ électrique important se développe entre terre et nuage. Le principe est bien le même mais les intensités de courant et les temps de fonctionnement sont beaucoup plus grands pour les plasmas de fusion. D'autre part, les tensions utilisées dans les laboratoires de fusion ne sont que de l'ordre du volt alors que pour l'éclair ce sont des centaines de milliers de volts que l'on mesure.

Le principe du chauffage ohmique est simple et sa mise en œuvre aisée, mais il importe de percevoir les limites du procédé. Tout d'abord la présence d'un courant intense n'est pas toujours souhaitée : certaines configurations de confinement excluent même la présence d'un tel courant. Mais même lorsque ce courant est souhaité ou toléré, il reste que, pour éviter toute pollution du plasma, le champ électrique doit être généré sans recourir à des électrodes, c'est-à-dire sans contact matériel avec le milieu chaud. De ce fait le courant est produit par induction, ce qui suppose alors un champ magnétique continûment croissant (ou continûment décroissant) : un tel procédé trouve rapidement comme limite la valeur maximale des champs magnétiques que l'on sait réaliser. Pratiquement cela se traduit par une limitation de la durée du plasma. On verra que les autres dispositifs de chauffage permettent de s'affranchir de cette limitation, mais ceci n'est obtenu qu'au prix d'une complexité sensiblement plus grande. En plus des contraintes déjà citées il faut ajouter que la température obtenue par chauffage ohmique est elle-même nécessairement limitée. En effet, la résistance qu'un plasma présente au courant électrique diminue lorsque la température augmente ; rapidement le plasma conduit l'électricité dix fois mieux que le cuivre et l'augmentation du courant ne s'accompagne plus d'une augmentation de la température. Cette baisse d'efficacité entraîne qu'à température élevée d'autres méthodes doivent être employées.

2. **Le chauffage par injection d'atomes neutres.** – Le deuxième type de dispositif couramment employé pour augmenter la température du plasma (souvent créé par le chauffage ohmique) consiste à y injecter un flux d'atomes neutres très rapides. Ces atomes sont des atomes de deutérium ou de tritium. Décrivons un peu plus en détail et de manière plus concrète la façon dont on procède.

On ne sait pas produire directement un faisceau d'atomes rapides à partir d'un gaz neutre car les ato-

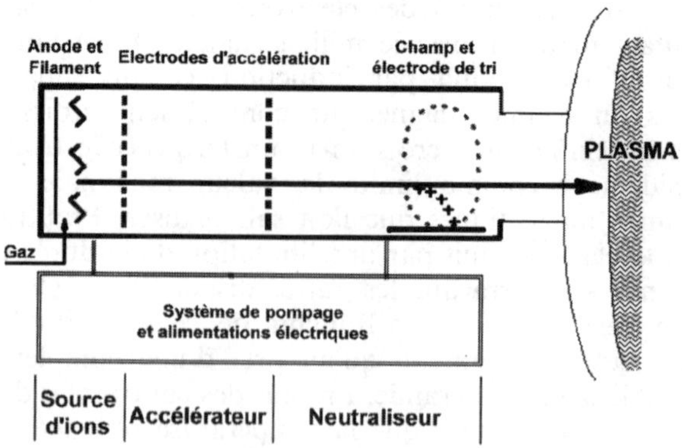

Fig. 3. – Schéma d'un injecteur de particules neutres

mes, du fait même de leur neutralité, ne peuvent être accélérés. Pour contourner l'obstacle on passe par l'intermédiaire d'une particule chargée, l'ion. Le procédé consiste donc à transformer les atomes neutres du gaz initial en ions puis à accélérer ceux-ci et, enfin, à retourner à la neutralité avant l'injection dans le plasma. Ces trois grandes opérations sont remplies chacune par un objet spécialisé : la source d'ions, l'accélérateur, le neutraliseur.

La source d'ions est une chambre où l'on introduit le gaz destiné à constituer le faisceau et où existent des électrons suffisamment énergétiques pour qu'ils provoquent l'ionisation du gaz par bombardement. Un filament simplement chauffé émet les électrons dont on a besoin et ceux-ci sont mis en vitesse par une électrode convenablement alimentée. Le champ électrique qui règne dans la source pousse les ions vers l'accélérateur.

Les ions ainsi produits en permanence vont pénétrer dans l'espace d'accélération. Cet espace est garni d'électrodes percées livrant passage aux ions et remplissant deux fonctions simultanément. Tout d'abord ces électrodes assurent l'accélération individuelle des ions mais, de plus, elles assurent la mise en forme du faisceau et lui donnent des caractéristiques géométriques bien précises. À la sortie de l'accélérateur on dispose ainsi d'un faisceau d'ions ayant la bonne énergie mais qu'il faut encore neutraliser.

Le neutraliseur est avant tout un espace où règne une faible pression de gaz. Le faisceau pénètre dans cet espace et un certain nombre de ses ions vont pouvoir récupérer sur le gaz résiduel l'électron qui leur fait défaut pour redevenir un atome neutre. L'opération de neutralisation n'est pas totale, mais s'effectue avec un certain rendement. Ceci implique qu'avant la sortie du neutraliseur un tri des particules soit effectué pour éliminer les ions résiduels et ne laisser passer que les atomes neutres. Cette opération est généralement effectuée par un champ magnétique local qui dirige sur une électrode destinée à cette fin les ions encore présents dans le faisceau de sortie.

Les atomes poursuivent alors leur chemin en ligne droite vers le plasma qu'ils pénètrent profondément. L'énergie de ces atomes est plusieurs dizaines de fois plus grande que l'énergie moyenne des ions du plasma. Il est aisé d'imaginer que, en procédant ainsi, les atomes, neutres au départ, ne vont pas rester longtemps dans cet état. Lorsqu'ils rencontreront les ions du plasma, ils vont rapidement perdre leur électron et retourner à l'état d'ions. L'injection d'atomes neutres se traduit donc par l'apparition dans le plasma d'ions exceptionnellement rapides. Une fois encore, les collisions jouent leur rôle égalisateur et répartissent ce trop-plein d'énergie entre toutes les particules : le plasma s'en trouve chauffé. Mais pourquoi passer alors par l'intermédiaire des atomes neutres alors que, de toute évidence, des ions rapides seraient suffisants ? C'est le champ magnétique qui rend le détour indispensable. Si un champ magnétique dévie toutes les particules chargées et les ions en particulier, en revanche il n'influence pas la trajectoire des atomes neutres qui peuvent seuls se propager jusqu'au centre du plasma, là où précisément on veut chauffer.

Le procédé donne de bons résultats et fait partie de la panoplie naturelle des moyens de chauffage des expériences actuelles. Mais lorsque l'on cherche à concevoir de tels injecteurs pour le réacteur, on rencontre malheureusement une difficulté : le rendement de neutralisation auquel on a fait allusion plus haut diminue tellement que le procédé devient inopérant. La raison de ce fait est simple : des ions de plus en plus rapides heurtant un gaz résiduel vont, certes, lui arracher des électrons mais, aux vitesses élevées, le collage d'un électron sur un ion rapide devient de plus en plus improbable. Une manière de résoudre ce problème consiste à utiliser au départ des ions négatifs fabriqués à partir d'atomes neutres auxquels on a, cette fois, non pas arraché un électron mais, au contraire, auxquels on en a adjoint un en surnombre. La réalisation de telles sources d'ions négatifs est évidemment plus délicate que la réalisation des sources conventionnelles ; en contrepartie il est tout aussi évident que le rendement de neutralisation restera très bon, même aux énergies élevées, car ce type d'ion a toujours tendance à perdre son électron surnuméraire. Pour conserver un ordre de grandeur physique, on peut dire que des sources d'ions conventionnelles à 100 keV sont courantes et que les ions négatifs ont permis de fabriquer des sources dont l'énergie des particules est dix fois supérieure : on atteint, voire dépasse 1 MeV. Les énergies de 1 MeV sont bien celles qu'il faut pour pénétrer profondément dans les plasmas de réacteur qui sont à la fois de grandes dimensions et de forte densité.

Ajoutons, sans rapport direct avec le chauffage, que les neutres injectés étant des atomes de deutérium ou de tritium, le même dispositif participe aussi à l'alimentation en combustible du plasma lui-même, composé justement d'ions deutérium et d'ions tritium.

3. **Le chauffage par ondes de haute fréquence.** – Le procédé précédent consistait à élever la température d'un milieu froid ou tiède en y introduisant un peu de matière très chaude. Ceci ressemble à une très vieille recette pratiquée il y a quelques centaines de milliers d'années. À cette époque le feu existait déjà mais les poteries n'étaient pas encore capables de supporter le contact des flammes : on faisait, paraît-il, cuire sa soupe en plaçant directement dans le bouillon quelques pierres retirées du foyer. Nous allons envisager maintenant une recette bien plus moderne : le chauffage par micro-ondes.

Chauffer c'est apporter de l'énergie, or on sait que les ondes électromagnétiques (celles du four à micro-ondes mais aussi celles du radar ou celles qui transmettent la radio ou la télévision) sont une façon de projeter de l'énergie au-delà d'une antenne qui constitue en quelque sorte l'extrémité d'un émetteur. Au lieu d'injecter dans le plasma des particules énergétiques, on va ici, avec l'énergie des ondes, en fabriquer directement dans le milieu en accélérant les ions et les électrons présents. Une onde électromagnétique propage à la fois un champ *électrique* oscillant et un champ *magnétique* oscillant ; or une particule chargée et en mouvement étant sensible à ces deux champs, on peut espérer un transfert d'énergie des ondes vers les particules. Plus précisément, on recherche les effets de résonance, c'est-à-dire que l'on se place dans des conditions telles que, ou bien c'est la vitesse de propagation de l'onde qui est voisine de la vitesse des particules ou bien c'est la fréquence de l'onde qui est égale à une fréquence typique du mouvement de ces mêmes particules. L'idée retenue consiste, schématiquement, à disposer d'un émetteur puissant alimentant une antenne qui injecte dans le plasma proche une onde électromagnétique. La suite est, à vrai dire, assez compliquée car de telles ondes peuvent soit se propager difficilement dans l'espace entre l'antenne et le plasma, soit traverser le plasma sans le voir, soit encore rebondir sur le plasma, c'est-à-dire être complètement réfléchies sans pénétrer le milieu à chauffer. C'est ici qu'interviennent nombre de choix assez précis pour que l'onde soit convenablement transmise jusqu'au plasma et que, arrivée là, elle s'absorbe effectivement, c'est-à-dire abandonne toute son énergie dans le milieu. L'absorption tant souhaitée peut n'être que locale ou n'intéresser qu'une catégorie de particules (les électrons par ex.) ce qui, en soi, n'est pas forcément grave puisque, comme on l'a souvent dit, les collisions joueront toujours leur rôle dans le sens d'une répartition plus uniforme de l'énergie. Ici, comme précédemment, ce sont bien les ions qui, *in fine,* seront chauffés pour leur permettre de réagir comme il se doit.

Pour éviter d'entrer beaucoup plus avant dans des considérations très techniques, ajoutons juste quelques données physiques concernant les trois grandes fréquences considérées. Historiquement, la première de ces fréquences se situe aux environs de 30 à 100 MHz et porte le nom de fréquence cyclotronique des ions car elle correspond à une fréquence typique du mouvement des ions. On utilise le fait que, dans un champ magnétique, les ions tournant tous sur eux-mêmes avec une période (ou une fréquence) qui ne dépend que de leur masse et de la valeur du champ magnétique, c'est à cette fréquence, ou éventuellement des multiples de celle-ci, que l'on attaque le plasma. Ce chauffage concerne directement les ions et les émetteurs utilisés sont des adaptations des émetteurs industriels qui servent pour la radio-diffusion.

Le même raisonnement est valable pour les électrons qui eux aussi sont des charges électriques en mouvement dans un champ magnétique. Néanmoins le chauffage cyclotronique des électrons (c'est son nom) s'effectue à une fréquence beaucoup plus élevée, soit aux environs de 100 gHz, puisque la masse de l'électron est plusieurs milliers de fois plus faible que la masse des ions. Il n'existe à ces fréquences aucun émetteur industriel ayant les caractéristiques convenables. L'utilisation à grande échelle de ce chauffage dépend donc des développements techniques actuellement en cours.

Citons enfin le chauffage hybride dont la fréquence de l'onde se situe entre les deux fréquences précédentes et qui bénéficie, comme le chauffage cyclotronique des ions, de l'existence d'émetteurs puissants déjà utilisés dans l'industrie.

Tous ces chauffages ont permis, seuls ou combinés, d'atteindre les températures nécessaires. Mais on aurait tort de croire que leur intérêt se limite à cela. Si les chauffages jouent bien leur rôle lorsqu'ils augmentent l'agitation du milieu, ils peuvent aussi être utilisés pour communiquer une énergie plus ordonnée. Il est parfois utile d'employer ces équipements de chauffage pour maintenir constant un courant qui circule dans le plasma ou encore mettre le plasma en mouvement de rotation sur lui-même. Ce point particulier sera repris dans le cadre du confinement où il trouve sa pleine justification. En effet le chauffage et le confinement du plasma que nous allons examiner maintenant ne sont pas complètement déconnectés l'un de l'autre, ne serait-ce que parce qu'un très bon confinement de l'énergie, en évitant les pertes, réduit d'autant l'énergie de chauffage qu'il faut fournir au plasma. À cela s'ajoutent des considérations un peu moins évidentes qui seront reprises à la fin du paragraphe traitant de la turbulence (p. 41).

III. – **Le confinement**

Historiquement, si des températures élevées ont été assez rapidement atteintes (pas toujours à la bonne densité), les premiers temps de confinement se sont en revanche longtemps chiffrés en millisecondes, voire moins, et les progrès furent laborieux. Alors que les grands principes des chauffages étaient acquis assez tôt, c'est à propos du confinement que l'on vit se développer nombre de configurations magnétiques qui, l'expérience aidant, furent abandonnées quelques temps plus tard. Le confinement des particules est une question centrale et difficile, il faut en traiter maintenant de manière plus détaillée.

1. **Le rôle des parois matérielles.** – On imagine bien, de façon intuitive, que des parois matérielles sont inutilisables pour confiner un plasma. La raison qui vient spontanément à l'esprit est que le plasma est un gaz tellement chaud qu'à son contact toute matière se volatilise. Mais l'intuition est ici mauvaise conseillère, car il manque une donnée, la quantité de gaz concernée. Dans un dispositif de fusion, la quantité de plasma chaud est faible et se limite tout au plus à quelques grammes de matière. Aussi, envoyer du plasma contre une paroi ressemble toujours à jeter une goutte d'eau bouillante dans un bac à glaçons : les glaçons sont fort peu affectés tandis que la goutte d'eau, elle, est totalement refroidie. Ainsi, sans considérer ici les situations accidentelles, si l'on doit mettre une distance entre paroi et plasma, ce n'est pas tant pour protéger la paroi, mais avant tout pour protéger le plasma lui-même.

Cette contrainte est encore plus forte qu'il n'y paraît : le plasma ne doit même pas frôler la paroi. Si trop de particules énergétiques quittent le plasma et heurtent la paroi, quelques atomes arrachés au mur vont vers le plasma, par exemple des atomes de fer si le mur est en acier. Ces atomes lourds interagissent avec les électrons du plasma et entraînent une émission importante de rayonnement. L'énergie de ce rayonnement est évidemment tirée du plasma et cette perte provoque son refroidissement irrémédiable. De même, le plasma ne peut être entouré d'une couche de gaz froid trop dense sans se refroidir lui-même. Entre plasma et paroi doit donc exister une zone d'isolement où la pression résiduelle est faible et, pour le moins, très soigneusement contrôlée.

C'est ce schéma qui est retenu dans toutes les expériences qui étudient le confinement magnétique. En partant du centre du plasma on trouve d'abord la zone où existe le plasma proprement dit. La densité du plasma va diminuant du centre vers l'extérieur de cette zone. En s'éloignant du centre on finit par rencontrer la surface qui définit la frontière du plasma ; on donne à cette surface le nom de *séparatrice.* Audelà de la séparatrice s'étend une zone servant à l'isolement du plasma. Enfin, on trouve la paroi matérielle étanche qui permet, en l'absence de plasma, de faire baisser la pression résiduelle jusqu'au milliardième d'atmosphère. On retrouvera cette structure en détail et avec quelques compléments lorsqu'il sera question du réacteur ou du projet ITER (p. 113). Mais revenons encore un instant sur la séparatrice afin d'en préciser un peu mieux le rôle. Cette surface immatérielle définie par la forme du champ magnétique délimite évidemment le plasma et lui évite de s'étendre jusqu'aux parois, mais c'est aussi le long de cette surface qu'ont lieu les échanges de matière. Ainsi une particule qui quitte le plasma et traverse la séparatrice est rapidement prise en charge par le pompage pour être évacuée. C'est, en particulier, comme cela que sont extraits les ions hélium qui sont les cendres des réactions de fusion. À l'inverse, une particule qui franchit la séparatrice vers l'intérieur vient augmenter la densité du plasma et c'est ainsi, par un flux contrôlé de gaz, que le plasma est alimenté en combustible.

Tout ce qui vient d'être dit souligne qu'il faut contenir le plasma sans le toucher : nous devons donc agir sur le plasma à distance, or, pour parler d'action à distance, on emploie souvent, en physique, le vocabulaire commode de *champ de force*. Nous allons voir ce que recouvrent ces mots dans le cas qui nous intéresse ici.

2. **Le champ magnétique.** – Un aimant attire de la limaille de fer et l'on parle de champ magnétique ; une baguette en plastique frottée avec un chiffon attire des petits morceaux de papier placés à quelque distance et l'on parle de champ électrique ; la terre nous attire et l'on parle de champ de gravitation. Toutes ces actions à distance nous sont familières et l'on peut s'interroger sur la possibilité d'utiliser l'une ou l'autre d'entre elles. Commençons par le champ de gravitation. Ce champ est à l'œuvre pour faire fonctionner les étoiles et, comme une pierre est à la fois retenue par la terre et en fait partie, ce sont les particules ensemble qui retiennent chacune d'elles à l'intérieur de la fournaise stellaire. À y regarder de près, on constate que la force de gravité qui s'exerce entre les particules d'un plasma est une force tout à fait minuscule. En conséquence des quantités de matière énormes sont indispensables pour qu'un effet de confinement se fasse sentir. Ceci est, pour nous, totalement exclu : la masse de la terre elle-même ne suffirait pas à retenir les particules d'un plasma chaud. Le principe de confinement à l'œuvre dans les étoiles est inutilisable sur notre planète. Deuxième déconvenue : on peut montrer aussi que les

actions à distance que peut exercer le champ électrique ne nous permettent pas non plus d'assurer le confinement rêvé. Il nous reste alors à examiner le champ magnétique.

L'utilisation du champ magnétique peut paraître surprenante *a priori* puisque le plasma est constitué par des ions et des électrons qui ne sont pas des masses magnétiques mais bien des charges électriques. Mais le mouvement de ces charges change tout, ou du moins, change beaucoup de choses. Pour bien saisir cet aspect essentiel, il nous faut revenir à ce que les physiciens appellent une *ligne de force*. Reprenons le champ qui nous est le plus familier, le champ de gravitation. Les lignes de force de ce champ sont tout simplement les lignes verticales, ou, dit autrement, la direction verticale nous donne toujours la direction suivant laquelle s'exerce la force due au champ de gravitation. De façon générale maintenant, on dira que les lignes de force sont ces lignes qui nous donnent partout la direction de la force qui s'exerce à cet endroit sur une masse sensible à ce champ. Ne déduisons pas de ce qui précède que les lignes de force sont forcément des droites puisqu'une telle affirmation ne se vérifie déjà pas pour la gravité : ses lignes de force sont légèrement courbées par la présence de masses importantes comme les montagnes, les minerais denses, etc. Ceci est encore bien plus vrai pour le champ magnétique. En particulier, puisque la terre est un grand aimant, la direction de son champ magnétique est donnée en tout point par la boussole et là aussi les masses magnétiques courbent les lignes de force (navire, masse d'acier, etc.). Dans les laboratoires, le champ magnétique est créé très librement par des bobinages où circule un courant électrique, et l'on conçoit aisément que, en modifiant la forme ou l'orientation de ces bobinages, on puisse donner aux lignes de force des allures très diverses. Au cours des ans les physiciens du confinement magnétique ont d'ailleurs fait preuve dans ce domaine de beaucoup d'imagination. Osons encore une comparaison sur le mode du portrait chinois. Si le champ magnétique était une rivière, alors les lignes de force seraient ces lignes qui suivent le courant ; parallèles aux berges là où le fleuve est sage, comme l'eau elles éviteraient les obstacles, se séparant autour des pierres et, là où l'eau tourbillonne, elles deviendraient de petites circonférences emprisonnées. Cette façon de penser le champ magnétique comme un faisceau de lignes de force nous permet maintenant d'aborder le déplacement des particules.

3. **Le mouvement d'une particule.** – Quel est alors le comportement d'une charge électrique plongée dans un champ magnétique ? L'expérience montre que, si la charge est immobile, elle n'est soumise à aucune force et c'est bien ce qui est attendu. En revanche, si la même charge est animée d'une certaine vitesse, alors le champ magnétique ne change rien à la valeur de sa vitesse mais contraint sa trajectoire. Dans son mouvement, la particule s'enroule autour de la ligne de force étant bien entendu que le déplacement le long de la ligne de force reste, lui, totalement libre. On obtient là un premier résultat capital : toutes les particules chargées – et le plasma n'est fait que de cela – sont contraintes individuellement à suivre une ligne de force du champ magnétique. La figure 4 illustre la situation

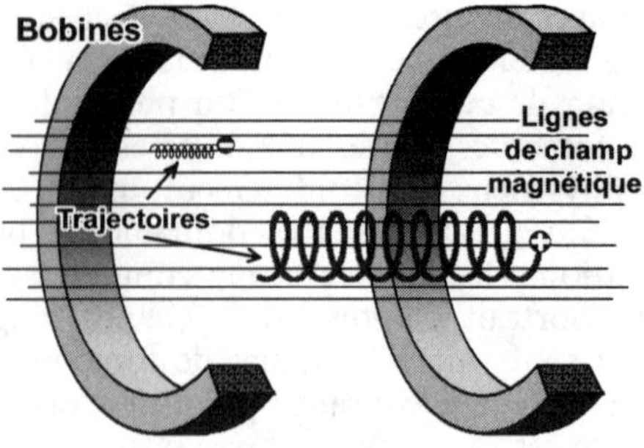

Fig. 4. – Trajectoire d'un ion (+) et d'un électron (–) dans un champ magnétique constant

dans le cas d'un champ magnétique constant. Les bobines qui produisent ce type de champ sont également représentées.

Les lignes de force sont des droites parallèles et la trajectoire des particules est une hélice. Plus exactement les ions tournent en sens opposé aux électrons et comme la masse des ions est bien plus forte que celle des électrons, ils décrivent aussi une trajectoire beaucoup plus large (voir fig. 4). Aux champs magnétiques et aux températures qui nous intéressent, les rayons de ces hélices sont bien inférieurs au millimètre pour les électrons et sont de l'ordre de quelques centimètres pour les ions les plus rapides. Cet effet de confinement latéral est évidemment très utile, mais l'on voit bien que le problème n'est que partiellement résolu puisque les particules se déplacent toujours à 1 000 km/s le long de la ligne de champ. Historiquement, on a tenté deux grandes solutions pour résoudre cette question des extrémités : mettre des obstacles magnétiques le long de la ligne de champ ou créer des lignes de champ fermées. La première solution, appelée miroirs magnétiques ou encore configurations ouvertes, s'est révélée décevante et n'est plus guère étudiée, mais la seconde semble plus prometteuse.

Si au lieu de placer les bobines comme sur la figure on les dispose en cercle comme des quartiers d'orange, les lignes de champ magnétique deviennent des cercles et sont donc des lignes fermées ; c'est évidemment simple mais c'est insuffisant. En effet, dans ce cas, la particule se déplace bien sur une hélice autour d'une ligne de champ elle-même circulaire mais à ce mouvement s'ajoute une lente dérive verticale qui a pour effet de conduire la particule à la paroi. Ce phénomène de dérive est en soi inévitable dans les configurations fermées, mais il peut être compensé en compliquant un peu la configuration. Pour bien voir l'allure que doivent prendre les lignes de champ, partons d'une surface toroïdale (cf. fig. 5). L'exemple le plus simple que l'on puisse donner de ce type de surface est celui d'une chambre à air d'automobile, gonflée et sans valve. Traçons des lignes qui s'enroulent de façon régulière sur cette surface. Imaginons, de plus, que l'on sache réaliser un champ magnétique ayant de telles lignes comme lignes de champ. Dans cette configuration un peu complexe, les particules se déplacent le long des lignes de champ en tourbillonnant autour de celles-ci avec le même rayon que celui évoqué ci-dessus. Examinons alors l'effet de l'inévitable dérive. Cet effet s'exerçant toujours dans le même sens (ici vers le haut), on voit que, lorsque la particule passe « en haut » de la surface, elle s'éloigne du centre de la configuration mais que en revanche, lors de ses passages « en bas », elle est au contraire ramenée vers le centre. On montre mathématiquement que la compensation est exacte : la particule est piégée car elle est contrainte de rester très près de la surface magnétique de référence.

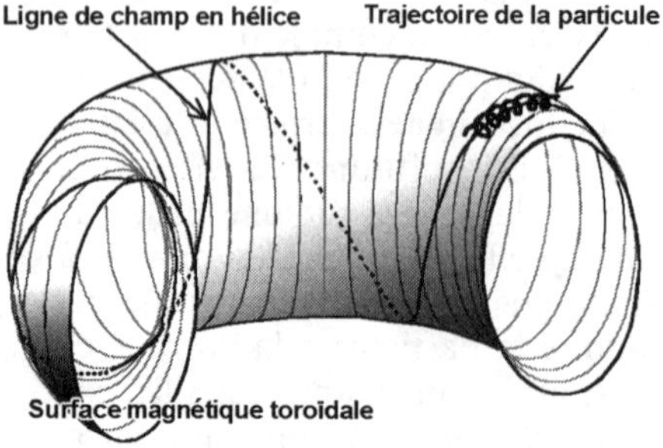

Fig. 5. – Trajectoire d'une particule sur une surface magnétique

Différents moyens de créer ce type de lignes de champ et de « surfaces magnétiques » ont été proposés et sont étudiés. Une méthode consiste à définir un jeu de bobinages relativement complexe mais qui suffit à lui seul pour créer la bonne configuration *(Stellarator) ;* une autre méthode consiste au contraire à s'en remettre à des bobinages simples mais à faire circuler un courant important dans le plasma *(Tokamak)*. Les succès les plus probants ont été obtenus avec la configuration *Tokamak*. C'est cette configuration à laquelle il est toujours implicitement fait référence dans la suite du texte.

4. **Turbulences tous azimuts.** – Ce qui vient d'être dit est le fondement même des configurations de confinement les plus performantes mais nous n'avons examiné jusqu'ici que le mouvement d'une particule : il nous reste à voir ce qui se passe lorsque ces configurations sont occupées par un grand nombre de particules qui interagissent fortement entre elles.

Le premier effet est banal : les nombreuses particules ont de nombreuses collisions désordonnées, ce qui provoque leur lente diffusion vers l'extérieur ; tout se passe comme si la configuration était en quelque sorte poreuse. Cette diffusion était évidemment attendue et on peut montrer que la fuite de particules qui en résulte est tout à fait acceptable. Avec les possibilités des champs magnétiques puissants que l'on sait réaliser aujourd'hui cette fuite est, à vrai dire, très faible.

Un deuxième effet est beaucoup plus gênant : le plasma est le siège d'une turbulence qui a des conséquences très négatives sur le confinement. Examinons de plus près ce phénomène important. Les ions et les électrons du plasma, animés de grande vitesse et en agitation permanente, créent des fluctuations de tous ordres. Si localement les ions et les électrons se séparent un peu, il en résulte un champ électrique qui fluctue comme la densité des particules. Si le mouvement des électrons s'organise, des courants électriques locaux apparaissent qui, eux-mêmes, engendrent des champs magnétiques fluctuants. Ces champs et ces courants, d'origines très diverses, sont évidemment autant de perturbations apportées aux qualités de confinement de la configuration. Ainsi donc il ne faut pas voir la « cage magnétique » comme une cage aux barreaux très solides. On a déjà dit que cette cage était pour ainsi dire faite d'un matériau poreux ; il faut ajouter que c'est de plus un « matériau turbulent ». Et là réside la vraie difficulté du confinement. Les pertes de particules, et donc d'énergie, sont ici beaucoup plus grandes que ce que laissait prévoir le jeu normal des collisions. De plus, si ces mouvements erratiques du plasma deviennent trop importants, la configuration magnétique peut se briser et le plasma aller à la paroi. Il est aisé d'imaginer que tous ces aspects ont été et sont encore des sujets de recherche sur lesquels travaillent quotidiennement tous les laboratoires.

Un troisième effet intervient également. Cet effet est observé lorsque l'on entreprend d'augmenter la température du plasma avec des chauffages auxiliaires. La constatation que l'on fait alors est fort désagréable : l'ajout d'un chauffage auxiliaire dégrade la qualité du confinement. L'injection de puissance dans le plasma a pour effet d'augmenter la turbulence déjà présente. Car plus d'énergie dans le plasma c'est aussi plus d'énergie dans les mouvements erratiques que celui-ci peut effectuer. Le remède est ici dans le mal. On a pu montrer expérimentalement que, au-delà d'un certain seuil de puissance injectée, deux situations bien tranchées existent et l'on parle de deux modes de confinement. Le premier mode de confinement est appelé mode L (de l'anglais *low*) et est bien le prolongement de la situation dégradée décrite ci-dessus. Mais on peut aussi atteindre un second mode de confinement dit mode H (comme *high*) aux caractéristiques beaucoup plus favorables. Sans retrouver toutes les performances d'un bon confinement on obtient néanmoins des caractéristiques de confinement tout à fait acceptables. C'est ainsi que les grandes expériences se dotent toutes de moyens de chauffage leur permettant de franchir ce seuil de puissance et, de ce fait, accèdent à un bon confinement tout en chauffant le plasma.

Les recherches qui se sont développées autour de ces questions ont aussi porté d'autres fruits. La raison de l'existence du mode H n'est pas parfaitement comprise mais l'interprétation généralement retenue est que l'origine de l'amélioration est à chercher dans un mécanisme qui limite la taille des cellules où apparaît et se développe la turbulence. Tout ce qui évite une extension spatiale de la turbulence est effectivement de nature à améliorer le confinement du plasma. Si l'on se rappelle maintenant que les chauffages auxiliaires sont capables de mettre le plasma en rotation ou de générer du courant localement, on comprendra pourquoi on fait en sorte que la vitesse ou le courant produits ne soient pas uniformes. Procédant ainsi, on peut obtenir le « déchirement » des cellules de turbulence et observer des modes de confinement amélioré au-delà même du mode H. Les possibilités ouvertes par les chauffages apportent donc une contribution importante à la résolution des problèmes de confinement. Chacun peut imaginer l'importance et la difficulté des travaux théoriques qui sont entrepris sur ces sujets.

5. **Les résultats obtenus et les lois d'échelles.** – Nous venons de parler de turbulence : c'est là un phénomène ou un ensemble de phénomènes qui déborde la physique des plasmas et s'étend à toute la mécanique des fluides et qui va même bien au-delà puisqu'on retrouve ce type d'effets dans le mouvement des liquides comme dans celui des gaz, mais aussi dans l'évolution des réactions chimiques ou la dynamique des populations.

Pour tous ces phénomènes, une constante mérite d'être soulignée : on n'est jamais capable de les modéliser mathématiquement de façon complète comme on sait modéliser, par exemple, la trajectoire d'un satellite dont on prévoit très précisément le mouvement lointain. Les modèles employés pour traiter de la turbulence font toujours une large place à des paramètres d'ajustage dont la valeur est directement tirée de l'expérience ; le plasma n'échappe pas à cette règle.

Dans l'impossibilité de fournir une interprétation théorique complète accompagnée d'une modélisation parfaitement prédictive, les physiciens du plasma se sont appliqués à tirer le maximum d'informations des expériences existantes pour établir une loi empirique du confinement tout en continuant, malgré tout, à explorer avec d'autres, les origines de la turbulence. L'effort a particulièrement porté, on s'en doute, sur l'évaluation du temps de confinement de l'énergie. Le temps de confinement est caractéristique de chaque expérience : il dépend d'abord, et très fortement, de la taille de la machine mais aussi du champ magnétique utilisé. Ces deux dépendances sont à peu près évidentes mais la pratique a montré que d'autres grandeurs doivent également être prises en compte si l'on veut avoir une loi suffisamment universelle. En conséquence, pour le type de machine le plus courant, on a constitué une grande base de données couvrant des situations expérimentales très diverses et on a entrepris de synthétiser l'ensemble des performances obtenues dans une loi unique capable de rendre compte du temps de confinement. Les valeurs de celui-ci vont de 5 ms à 500 ms et l'on observe que les mesures ne s'écartent jamais de plus de 15 % des valeurs prévues par la loi. Cette loi empirique, dite *loi d'échelle,* permet de prévoir les performances d'une machine en fonction de ses caractéristiques particulières ou de définir les paramètres de sa construction en fonction des performances qu'on veut lui voir accomplir.

Le résultat qui vient d'être mentionné est un résultat tout à fait capital mais il est d'autres résultats qui permettent de saisir plus directement encore les progrès accomplis et l'état des performances actuelles. En 1991, la communauté scientifique était assez sûre de la compréhension qu'elle avait du comportement du plasma pour tenter une expérience décisive : mettre dans un tokamak un peu des « vrais combustibles » (du deutérium et du tritium) et observer directement la production d'énergie. L'expérience eut lieu sur une machine européenne installée en Angleterre, le JET. L'événement dura à peu près une seconde et la puissance produite atteignit à peu près 1 MW. Ainsi que les lois d'échelle le prévoyaient le bilan global était encore négatif : il fallait fournir au plasma plus d'énergie que ce qu'il était capable de produire mais, pour la première fois, le rêve du réacteur à fusion prenait les couleurs de la réalité concrète. Depuis, ce résultat a d'abord été confirmé aux États-Unis puis amélioré très sensiblement tant aux États-Unis qu'en Europe et c'est une puissance de plus de 16 MW qui a été obtenue sur l'expérience JET en 1997. Le temps durant lequel on peut observer la réaction de fusion a, lui aussi, été grandement amélioré. Enfin, c'est au Japon qu'ont été atteintes les conditions de température et le temps de confinement qui sont nécessaires à l'obtention d'un bilan équilibré entre l'énergie fournie au plasma et celle produite par ce même plasma. Ce résultat est certes spectaculaire mais on aurait tort de limiter l'intérêt de l'expérience à la quantité d'énergie produite par les réactions de fusion. Parmi la moisson de résultats qu'une telle expérience permet d'engranger on en retiendra deux autres qui jouent un rôle tout à fait central. Tout d'abord et pour la première fois on a pu observer le chauffage α. Concrètement on a pu mesurer un effet de chauffage des électrons par les ions hélium résultant des réactions de fusion. Ces mesures sont venues confirmer les évaluations qui avaient été faites au préalable au moyen des modèles élaborés par les théoriciens. Deuxième observation, elle aussi tout à fait importante : la présence dans le plasma de particules très rapides que sont les ions hélium n'a pas eu pour conséquence une apparition d'instabilité ou de façon plus globale une dégradation du confinement. Ce dernier résultat aussi était attendu, car c'est ce que prévoit la théorie, mais son importance est telle qu'une confirmation expérimentale était la bienvenue.

Ces résultats nous autorisent aujourd'hui à fixer de façon assurée la taille du réacteur producteur d'énergie qui fera l'objet du prochain chapitre.

IV. – Le réacteur et la production d'énergie

1. **Le principe du réacteur.** – Les principes de base régissant le plasma ayant été décrits il est possible d'aborder le réacteur de façon plus concrète. Pour cela, on emploiera un schéma fonctionnel c'est-à-dire un schéma qui décrit toutes les grandes fonctions nécessaires à la bonne marche de l'installation. Ce schéma, suffisamment général, est vrai, quel que soit

le mode de confinement choisi, qu'il soit magnétique ou inertiel. On réserve pour plus tard les détails du réacteur tokamak, réacteur typique du mode de confinement magnétique.

Imaginons donc, au centre du réacteur, un plasma semblable à une grosse boule de gaz très chaud (voir fig. 6). On examine alors, la structure des couches successives qui entourent ce plasma, en assurent la protection et permettent une utilisation de ce milieu réactif pour la production d'énergie.

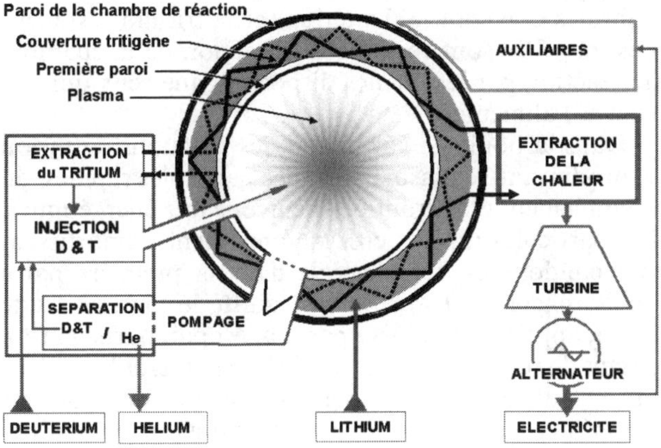

Fig. 6. – Schéma fonctionnel du réacteur

On sait que le plasma chaud ne peut exister durablement que dans le vide. À une certaine distance, on trouve donc un mur étanche qui constitue la paroi de la chambre de réaction. Cette chambre est soumise à un pompage permanent assurant, au moyen d'un bon vide, l'isolement du plasma par rapport au reste de l'installation. C'est au centre de cette chambre qu'ont lieu les réactions de fusion. Commençons par examiner, dans cette chambre, le devenir du combustible. La chambre est alimentée en combustible par une injection directe mais contrôlée du mélange deutérium/tritium sous forme gazeuse ou alors, par projection en direction du plasma, de petits glaçons de deutérium et de tritium. La combustion ayant eu lieu, les gaz extraits par pompage sont envoyés vers une installation qui sépare la cendre qu'est l'hélium des combustibles imbrûlés que sont le deutérium et le tritium résiduels. Les imbrûlés sont recyclés en direction de la chambre de réaction par les mêmes dispositifs que ceux qui servent à l'alimenter.

Dans la boule de gaz chaud, les réactions de fusion se produisant, le plasma émet des particules rapides, du rayonnement et surtout des neutrons très énergétiques. Les particules rapides et le rayonnement s'amortissent en abandonnant leur énergie dans la première paroi qu'ils rencontrent après avoir quitté le plasma. Cette paroi, appelée « première paroi », est parcourue par un circuit de refroidissement destiné à récupérer la chaleur qui s'y dépose. La première paroi est constituée de matériaux capables de maintenir, sous le bombardement du rayonnement et des particules rapides, l'indispensable propreté du plasma. Si cette paroi retient les particules et le rayonnement, elle a, par contre, très peu d'effet sur les neutrons énergétiques qui la traversent et s'absorbent un peu plus loin dans ce qu'il est convenu d'appeler la *couverture tritigène*.

La couverture, que l'on voit placée entre la première paroi et la chambre à vide joue trois grands rôles. Son premier rôle consiste à récupérer l'énergie des neutrons. Ces derniers, lorsqu'ils rencontrent de l'acier par exemple, sont freinés et de ce fait chauffent le matériau ; un fluide, comme l'eau, circule dans la structure et évacue la chaleur produite vers les équipements classiques que sont le générateur de vapeur, la turbine et l'alternateur qui finalement produit l'électricité.

Le deuxième rôle de la couverture tritigène a, comme son nom l'indique, quelque chose à voir avec le tritium. En effet, des deux combustibles utilisés, le deutérium et le tritium, seul le deutérium est abondant et se trouve dans l'eau de mer. Le tritium, lui, n'existe qu'en très petites quantités dans la nature et doit donc être produit. La production du tritium se fait par bombardement neutronique sur un autre corps aisément disponible, le lithium. Du lithium sous forme de céramique ou d'alliage métallique est placé dans la couverture qui, sous bombardement neutronique, devient alors à proprement parler tritigène.

La couverture doit enfin, et c'est là son troisième rôle, abriter du flux de neutrons la paroi de la chambre de réaction dont elle protège ainsi les qualités d'étanchéité.

Récupérer de la chaleur, générer du tritium, protéger la chambre : pour remplir ces trois rôles, la couverture ne peut être qu'un objet relativement complexe. Elle contient, comme nous l'avons vu, à la fois de l'acier et du lithium et est parcourue dans son entier par un ou deux circuits qui assurent deux fonctions. La première fonction est l'évacuation de la chaleur produite par l'énergie des neutrons dans les matériaux de structure. La deuxième fonction est l'extraction du tritium produit par le bombardement neutronique du lithium. Concrètement, la couverture se présentera comme une sorte de sandwich de plaques et de tuyaux constitués de différents matériaux et dont la disposition optimale est recherchée à l'aide de codes de calculs neutroniques. À l'intérieur de cette configuration, quelques variantes sont possibles : le choix du composé de lithium peut varier ; le matériau de structure et le fluide caloporteur peuvent également varier ainsi que l'agencement général, c'est-à-dire la façon dont est réalisé le découpage modulaire de cet ensemble qui recouvre, par morceaux, toute la surface intérieure de la chambre à vide.

Si l'on revient maintenant au schéma général, on notera que, pour être complet, on a représenté aussi l'ensemble des auxiliaires indispensables au chauffage et au confinement du plasma. La représentation de ces auxiliaires est faite de façon purement symbolique, puisque, au niveau de généralité où nous nous situons ici, ce peut être aussi bien des lasers si l'on parle de fusion inertielle que des bobines si l'on parle de fusion magnétique. Ces auxiliaires ainsi que l'ensemble des équipements du réacteur sont alimentés par prélèvement sur l'électricité produite.

À cette description purement fonctionnelle du réacteur peut être ajouté un élément quantitatif. En effet le réacteur, quel que soit son type, doit avoir une taille minimale pour que l'ignition puisse être atteinte ou même approchée. Fusion magnétique ou fusion inertielle, c'est aux environs de 1 000 MW électriques que se situe la puissance typique des réacteurs qui ont été projetés. À titre de comparaison, rappelons que la puissance des centrales nucléaires en France est aujourd'hui comprise entre 900 et 1 400 MW. La fusion n'est donc pas dans une position étrange par rapport au marché mais elle fait partie de ce que l'on appelle les moyens de production centralisés : la fusion, à la différence des autres sources d'énergie, ne peut se concevoir en petites unités.

Ce constat entraîne immédiatement une interrogation : est-ce bien de ce type de réacteur dont la société aura besoin ? Au cours des années 1970-1980 un argumentaire s'est développé qui a consisté à dire que les sources de petites tailles devaient être privilégiées et utilisées de manière décentralisée car tel était l'avenir souhaitable et prévisible. Qu'en est-il au juste ? Pour répondre à cette question, reprenons, à titre d'exemple, l'évolution d'une source d'énergie qui se prête bien à la production décentralisée, l'énergie éolienne. On constate que les faits n'ont pas confirmé les discours des années 1970. D'abord les éoliennes ont vite été groupées, par dizaines, dans les sites que l'on jugeait favorables à ce type de production. Sous le nom de fermes éoliennes, on a vu se développer des centres de production véritablement industriels nécessitant le raccordement à un réseau puissant qui permettait à la fois d'évacuer l'énergie produite et de compenser les phases d'arrêt liées à l'absence de vent. Dans le même temps, la puissance unitaire des éoliennes n'a cessé de progresser pour se situer aujourd'hui à plus de 2 MW. Avec leur mât de 120 m de haut et leur hélice de 80 m de diamètre, les éoliennes récentes ont donc, *de facto,* quitté la production décentralisée et les projets en cours visent à augmenter encore la capacité unitaire de ces équipements. Voilà pour l'éolien mais des tendances équivalentes se retrouvent aussi pour d'autres sources d'énergie. L'histoire récente nous montre que même si des besoins décentralisés existent et peuvent être satisfaits comme tels, la production concentrée reste tout à fait à l'ordre du jour. Dans le futur, on ne doit pas s'attendre à un renversement total de tendance pour une raison très simple : la population elle-même se concentre de plus en plus près des mers ou des rivières. Déjà plus de la moitié de la population mondiale vit sur la bande côtière et tous les prévisionnistes anticipent le renforcement de ce fait, qui sera accentué encore par l'extension des mégapoles. Dans ces conditions, et pour un avenir prévisible, la nécessité de produire de l'énergie non loin des villes et de façon relativement concentrée restera d'actualité, même s'il est certain qu'il faudra aussi produire de l'énergie de façon décentralisée en petites unités, loin des grands réseaux classiques. Cette double nécessité dit simplement que la fusion ne pourra prétendre répondre à tous les besoins. Qui s'en plaindra ?

2. **La sûreté.** – Les recherches sur l'énergie de fusion sont nées et se sont développées dans un monde qui prenait de plus en plus conscience des impacts sanitaires et environnementaux de l'activité humaine en général et de la production d'énergie en particulier. Une conséquence naturelle de cet état de fait a été que, très tôt, les recherches sur la fusion se sont intéressées aussi à la sûreté des futurs réacteurs. Les travaux menés à ce propos sont encadrés par un principe de comportement et deux grands objectifs.

La communauté des chercheurs s'efforce de procéder de manière tout à fait ouverte à des études de sûreté détaillées, solides et comparatives entre tous types de réacteurs que l'on pourrait proposer dans cette filière. Ces études reçoivent la plus large publicité. Depuis fort longtemps leurs résultats sont régulièrement exposés en détail lors de conférences internationales. Ces communications peuvent parfois paraître rébarbatives mais des synthèses beaucoup plus accessibles sont remises régulièrement aux différentes commissions parlementaires ou gouvernementales afin de les informer en toute clarté. De plus, des instances de contrôle indépendantes ont été et seront encore amenées à se prononcer sur tous ces sujets.

À ce principe de transparence s'ajoutent deux objectifs qui s'énoncent ainsi :

- il doit être montré clairement que l'accident le plus grave ne constituera pas une menace imposant l'évacuation des populations extérieures au périmètre du réacteur ;
- les déchets radioactifs résultant de l'utilisation de la fusion ne devront pas nécessiter un isolement s'étendant sur des échelles de temps géologiques ; ils ne seront donc pas une charge pour les générations futures.

À la lecture de ces objectifs on voit bien que la fusion n'est pas seule concernée et que des buts semblables sont assignés aux autres sources d'énergie. On retiendra tout de même que contrairement aux autres sources d'énergie, le développement des réacteurs à fusion ne se fera que si l'on peut garantir de tels avantages avant tout déploiement industriel. On va examiner maintenant pourquoi ces objectifs sont réalistes.

Faisons un voyage tout le long d'une chaîne de production d'électricité utilisant la réaction de fusion comme principe de base. Chemin faisant, on rencontrera ainsi les propriétés élémentaires, les caractéristiques de base propres à la fusion, qui font que les aspects de sûreté de ce procédé peuvent être envisagés sous un jour très favorable. Ces caractéristiques sont très importantes mais les études de sûreté ne sauraient se contenter de considérations générales, aussi examinerons-nous de façon plus précise ce que l'on peut attendre d'un réacteur à fusion, d'abord quand il fonctionne normalement et ensuite en cas d'accident. Nous verrons enfin quelle est la situation laissée par son démantèlement. C'est aux études commandées par la Commission européenne et portant sur le tokamak que nous emprunterons l'essentiel des résultats chiffrés qui seront utilisés pour illustrer ce que l'on peut anticiper de la sûreté d'un réacteur à fusion.

Mais une remarque préliminaire : le tokamak n'est pas un réacteur unique, plutôt une filière de réacteurs dont nombre de choix technologiques sont encore ouverts. On envisage de l'eau ou de l'hélium comme fluide de refroidissement ; le lithium sera présent sous forme de céramique ou d'alliage et enfin plusieurs matériaux de structure sont possibles. Il n'empêche que l'on trouvera ici le résultat qui couvre l'ensemble de ces particularités sans pour autant s'arrêter à les décrire. Dans le même esprit, on ne retiendra pour traiter des situations accidentelles que les éléments de sûreté passive. Une intervention humaine ou l'action d'un automatisme qui viendraient corriger la situation accidentelle et donc en atténuer les effets ne sont jamais, à ce stade, prises en compte. Il s'agit là d'une position volontairement pessimiste en ce sens qu'elle exagère les conséquences d'un dysfonctionnement. En revanche, les matériaux de structure avec lesquels est bâti le tokamak sont des matériaux adaptés à l'environnement de la fusion, qu'ils existent bientôt comme certains aciers ou qu'ils nécessitent encore des développements comme les alliages à base de vanadium et de titane, ou qu'ils soient à horizon plus lointain encore comme certains composites à base ce carbure de silice (SiC/SiC). Enfin, pour ne pas lasser, on ne parlera que de l'impact sanitaire sur le public, même si les études de sûreté n'ont, bien évidemment, pas négligé l'impact sanitaire sur les travailleurs affectés aux équipements.

A) *Extraction et transport des combustibles.* – Commençons donc notre promenade par le début de la chaîne de production d'énergie électrique, à savoir par l'extraction et le transport des combustibles.

Ces combustibles sont le deutérium et le lithium. Ce qui est tout à fait remarquable, ce sont moins les caractéristiques particulières de chacun de ces corps que le fait d'être utilisés en très faibles quantités. Pour alimenter pendant un jour une usine de production de 1 000 MW électriques, il suffit de lui fournir moins de 1 kg de deutérium et moins de 10 kg de lithium naturel. Pour produire la même quantité d'énergie, il faut à une centrale nucléaire actuelle 500 kg d'uranium naturel mais surtout à une centrale utilisant la combustion, 5 000 t de fuel ou de gaz et près de 10 000 t de charbon ! Et n'oublions pas qu'une fois extraites ces quantités doivent être transportées : 10 000 t de charbon par jour, cela induit la circulation de 400 wagons de chemin de fer toutes les vingt-quatre heures.

Quand on aura ajouté à ces considérations que le deutérium et le lithium ne font montre d'aucune toxicité chimique particulière, on aura compris que la fusion évite d'emblée nombre de problèmes. Ainsi en est-il de ceux qui sont liés à la réalisation des équipements d'extraction ou de transport : pas de mines ou de plates-formes *off-shore,* pas d'oléoducs, de gazoducs ou de navires ; pas non plus les pollutions inévitables ou accidentelles qui résultent de leur exploitation. Pour alimenter plus d'une dizaine de réacteurs à fusion, il suffira de produire et d'acheminer tous les ans ce que peut contenir un seul wagon de chemin de fer.

La première étape de l'extraction et du transport des combustibles étant franchie, il n'est pas utile de débattre longuement de la sûreté de leur stockage et ce, quel que soit le lieu où l'on imagine le réaliser. La raison en est élémentaire : il n'existe aucun phénomène naturel accidentel ou non qui soit capable de libérer spontanément de l'énergie de fusion stockée dans le deutérium et le lithium. Autant un barrage peut se briser, un stockage d'hydrocarbure s'enflammer, autant pour libérer l'énergie de fusion on ne peut qu'avoir recours à un système sophistiqué et en parfait état de fonctionnement. Un explosif nucléaire lui-même placé au centre de réservoirs de deutérium et de lithium ne pourrait libérer l'énergie contenue. Ainsi donc, si, comme on l'a vu, il est difficile de produire de l'énergie de fusion, il en résulte aussi, c'est l'autre face de la même médaille, que l'on peut constituer sans difficultés des stocks d'énergie importants et parfaitement sûrs. De ce fait, la sûreté des stockages devient aussi une garantie de la continuité des approvisionnements.

B) *Intérieur du réacteur*. – Nous voilà maintenant à l'intérieur du réacteur de fusion.

Par définition, toutes les circonstances sont réunies en cet endroit pour permettre la libération de l'énergie de fusion. Les problèmes de sûreté que l'on peut alors rencontrer ont deux origines : la présence de corps radioactifs, toxiques par nature, dont il faut éviter la dissémination, et le non-contrôle de la production d'énergie qui peut, par son débordement, entraîner des destructions ainsi que la dissémination de tout ou partie du contenu toxique du réacteur. On va donc s'attacher à examiner en premier lieu le devenir des deux corps qui sont consommés ou produits, puis nous analyserons les conditions du contrôle de la réaction de fusion.

Le premier corps radioactif fabriqué et consommé sur place est le tritium. C'est un corps de durée de vie relativement courte (période radioactive de treize ans) et dont la décomposition provoque l'émission d'un électron peu énergétique. La taille de l'atome de tritium est faible, aussi diffuse-t-il aisément. Du fait de cette radioactivité et de cette mobilité, des précautions sont à prendre, mais le traitement du tritium est connu depuis quelque temps déjà. Par exemple les réacteurs à fission de type Candu (filière canadienne), qui produisent et contiennent en permanence de grandes quantités de tritium, ont permis d'acquérir une véritable expérience industrielle de la gestion du tritium. Cette expérience, des laboratoires travaillant pour la fusion visent à l'optimiser encore de manière à bénéficier de tous les progrès qui permettent de réduire la présence du tritium dans le réacteur et ses auxiliaires. De toute façon, ce tritium ne s'accumule pas indéfiniment puisque c'est un combustible ; on s'emploie à le recycler à l'intérieur même du réacteur où il disparaît au cours de la réaction de fusion.

La fusion du deutérium et du tritium produit aussi un neutron énergétique. Le neutron lui-même est absorbé assez rapidement dans les matériaux qui entourent le réacteur. En revanche, les noyaux que le neutron rencontre dans sa course peuvent devenir radioactifs : là est la deuxième origine de la radioactivité présente dans les réacteurs à fusion. Les matériaux qui entourent directement le plasma se trouvent « activés » par le bombardement neutronique et ici, contrairement au cas du tritium, l'activation s'accumule, c'est-à-dire que plus le matériau est bombardé plus il est activé. Ce point va être examiné en détail dans le traitement des déchets.

Maintenant que nous avons identifié les deux corps toxiques présents à l'intérieur du réacteur, le tritium et les matériaux activés, nous allons examiner les conditions de leur gestion dans un tokamak taillé à l'échelle du réacteur. Les premiers résultats portent sur le fonctionnement normal du réacteur, c'est-à-dire sur la situation où la production d'énergie est maîtrisée de façon optimale.

Quand un réacteur est en marche, on est toujours amené à effectuer diverses opérations de surveillance ou de maintenance. Lors de ces opérations, de légères émissions de produits radioactifs sont inévitables. Ces produits se retrouvent soit dans la cheminée puis dans l'atmosphère, soit dans les eaux d'égouts qui quittent le réacteur. C'est l'importance de ces émissions et leurs impacts sur la santé publique qui ont été étudiés avec beaucoup de soin. Il ressort de ces recherches que, quel que soit le type de tokamak et quelle que soit la nature des rejets – vers l'air ou vers l'eau –, l'impact sanitaire sur la personne la plus exposée est d'au plus 1 μ Sv/an. Cette valeur est bien évidemment très largement en dessous de toutes les normes admises. Mais peut-être faut-il illustrer la signification de ce chiffre qui est exprimé dans une unité peu commune. Pour ce faire, on utilisera une comparaison puisée dans la vie courante : plus on s'élève en altitude, moins l'épaisseur d'atmosphère qui nous protège du rayonnement cosmique est grande et donc plus le rayonnement que l'on reçoit augmente et plus augmente aussi son impact sanitaire. C'est justement de 1 μ Sv que ce dernier augmente lorsque l'on s'élève d'un peu moins de trois mètres ! Il s'agit donc bien d'une valeur très faible : c'est le risque que l'on prend sur sa santé dès que l'on choisit de ne pas vivre en bord de mer.

Venons-en maintenant à l'évaluation des conséquences que pourrait avoir un accident grave qui se produirait à l'intérieur du réacteur. Au nombre de tels accidents et quelle qu'en soit la cause, on pourrait citer l'arrêt brutal des pompes de refroidissement, la rupture de la chambre à vide ou encore la destruction des bobines du champ magnétique. Plusieurs secteurs industriels disposent aujourd'hui de méthodes d'évaluation bien éprouvées qui permettent de décrire les conséquences de telles situations. Néanmoins, un effort assez sensible a été entrepris pour appliquer avec précision ce cadre général à la situation particulière de la fusion. Cet effort consiste à anticiper les conséquences du non-contrôle de la réaction et ainsi que le devenir des produits radioactifs dans des conditions dégradées.

Deux particularités entrent en jeu dans le contrôle de la réaction. La première est une limite naturelle au débordement énergétique qui résulte du fait qu'à chaque instant la chambre de réaction n'est alimentée que de la quantité de combustible nécessaire au fonctionnement du réacteur pendant une durée n'excédant pas la minute, soit un gramme de combustible, voire moins. La quantité totale d'énergie susceptible d'être libérée accidentellement est donc tout à fait limitée. Mais, et c'est le deuxième aspect, la conséquence immédiate d'un dérèglement du réacteur est d'extraire de la paroi un peu de gaz occlus et de lui arracher quelques atomes de matière. Or, tous ces matériaux diffusent rapidement dans toutes les directions et en particulier vers le plasma qu'ils refroidiront brutalement, empêchant du même coup la poursuite des réactions de fusion et la production d'énergie. On voit qu'il s'agit là de deux mécanismes de sûreté passive, c'est-à-dire de mécanismes ne nécessitant pas d'intervention humaine pour leur mise en œuvre.

Dans le cas des situations accidentelles évoquées plus haut, le débordement énergétique n'aura donc que des conséquences très limitées mais on doit tout de même s'attendre à une augmentation des fuites radioactives puisque l'on suppose que divers équipements sont hors d'usage, voire fracturés. Selon les calculs très détaillés qui ont été effectués et en ne prenant en compte que le comportement passif de l'installation, on peut considérer que ces fuites ont un impact, sur la personne la plus exposée, de l'ordre de 2,5 mSv, sensiblement égal à l'impact du rayonnement naturel reçu par tout un chacun en un an, par tout un chacun ne vivant pas dans une région très granitique, s'entend.

Aussi peut-on affirmer que les caractéristiques propres du réacteur à fusion permettent d'anticiper un fonctionnement particulièrement sûr tant en situation normale qu'en situation accidentelle. Les évaluations précises faites sur différents modèles de réacteur et conduites avec les meilleurs outils industriels actuels confirment largement ces anticipations.

C) *Extérieur du réacteur.* – Et nous voici de nouveau à l'extérieur du réacteur, à l'endroit et au moment où il est naturel de s'interroger sur la nature des déchets produits dans l'installation et sur la façon dont ils sont gérés, ceci va être fait en mettant en perspective les principales filières énergétiques.

De manière tout à fait générale, les réactions chimiques ou nucléaires qui produisent de l'énergie dans nos centrales produisent aussi des *combustibles brûlés*. Cette situation est inévitable, même dans une hypothétique usine parfaite. Si l'on brûlait, par exemple, du carbone pur dans de l'oxygène pur, il n'y aurait certes ni pluies acides ni précurseurs de l'ozone, mais on produirait tout de même à peu près autant de gaz carbonique qu'une centrale à charbon banale. Il en va de même dans la filière nucléaire où l'on n'échappe pas aux produits engendrés lors des réactions accompagnant la fission de l'atome d'uranium. Donnons le nom de déchets primaires à ces déchets qui sont imposés par le principe à la base de chaque filière énergétique et appelons déchets secondaires ceux qui résultent des imperfections diverses des combustibles ainsi que des nécessités liées à la construction et à l'exploitation d'une installation industrielle. On peut alors observer que, aussi bien dans le cas de la combustion que dans celui de la fission, les problèmes les plus délicats proviennent essentiellement de la gestion des déchets primaires : le gaz carbonique et les produits de fission. Ce sont d'ailleurs ces déchets primaires qu'aujourd'hui toutes les filières cherchent à stocker durablement hors de la biosphère. Or le déchet primaire de la fusion est l'hélium, un corps non radioactif, dépourvu d'activité ou de toxicité chimique. Il est, par ailleurs, pratiquement le déchet idéal puisque, s'il est abandonné dans l'atmosphère, il s'éloigne lentement dans l'espace, la terre étant incapable de le retenir. Cette absence de toute toxicité du déchet primaire de la fusion réduit d'emblée d'un facteur très important les nuisances que l'on peut attendre de cette filière énergétique.

Les déchets secondaires, quant à eux, sont essentiellement constitués par la masse des matériaux entourant le plasma, matériaux rendus radioactifs par le bombardement neutronique. Deux idées essentielles sous-tendent la gestion de ces déchets : le choix des matériaux et le mode de stockage. En amont, on choisira les matériaux de façon rigoureuse car l'absence de déchet primaire donne à ce choix toute son efficacité. Ne seront retenus que les matériaux qui limitent au maximum la radioactivité induite par le flux de neutrons. « Limiter au maximum » veut dire limiter aussi bien la radioactivité elle-même que sa durée ou encore sa mobilité, c'est-à-dire limiter tous les risques qui apparaîtraient au cours d'un éventuel accident grave du fait du réacteur ou du fait du stockage des déchets. On sait d'ores et déjà pouvoir disposer ainsi de plusieurs matériaux présentant les propriétés souhaitées, même s'ils nécessitent encore d'être étudiés avant d'être utilisés à l'échelle industrielle. La deuxième idée est plus banale et concerne la gestion des déchets. Deux pratiques existent actuellement : la dispersion des déchets avec les conséquences que l'on sait ou l'isolement par rapport à la biosphère. C'est évidemment la deuxième solution qui sera retenue.

Voilà pour les idées générales, mais revenons encore une fois aux évaluations plus précises faites à propos du réacteur de type tokamak. Les alliages spécifiques que l'on envisage d'utiliser ont été choisis de façon réaliste, c'est-à-dire en ne prenant en compte que les possibilités de l'industrie actuelle. Ce sont des composites optimisés sur le plan des déchets mais qui conservent néanmoins les indispensables capacités de bonne tenue mécanique et de bonne tenue à la corrosion. Rappelons qu'il ne s'agit pas de matériaux hypothétiques puisque, à des fins d'essai, des quantités de quelques tonnes ont effectivement été produites et que l'on a procédé à des expérimentations sous rayonnement, et pour certaines à l'intérieur même d'un tokamak, c'est-à-dire dans l'environnement typique d'un plasma de réacteur.

Ces bases étant posées, on peut à nouveau donner, de façon très synthétique, les résultats concordants de toutes les études.

Tout d'abord le volume de déchets produits sera voisin de celui produit par une centrale nucléaire de même puissance. On peut même penser qu'il sera légèrement supérieur puisque le tokamak est sensiblement moins compact qu'une cuve de réacteur à eau. Mais surtout, et c'est là évidemment un résultat capital, la quantité totale de radiotoxicité contenue sera plus de cent fois inférieure à celle qui résulte du fonctionnement d'un réacteur nucléaire actuel. On retrouve là très concrètement le résultat de l'absence de toxicité de ce que l'on a appelé plus haut les déchets primaires. Pour apprécier cette valeur, on se reportera de nouveau à une source d'électricité très utilisée sur la planète, le charbon. On ignore souvent que le charbon contient naturellement des corps radioactifs. L'impact environnemental de cette radiotoxicité est toujours négligé car, de fait, il est très faible. En termes de radiotoxicité produite, la situation de la fusion peut être comparée à celle du charbon mais à une nuance de taille près : tandis que la radiotoxicité engendrée par l'utilisation du charbon est entièrement dispersée dans la biosphère lors de la combustion, celle produite par la fusion reste confinée ; elle aura de ce fait des impacts encore bien plus faibles.

Et puisque l'on vient de parler de confinement des déchets, il faut aussi préciser la durée nécessaire de ce confinement. C'est d'un rapport remis sur ce sujet à la Commission européenne, qui finance et contrôle tous ces travaux, qu'on tirera cette précision : « Après quelques dizaines d'années, le contenu radiotoxique des matériaux activés, résultat du fonctionnement et du démantèlement d'un réacteur à fusion, aura décru jusqu'à une valeur faible. La plupart – et peut-être la totalité – de ces matériaux pourraient être, si souhaité, retirés de tout contrôle ou recyclés par des moyens de télé-opération avec peu de ces matériaux – ou peut-être aucun – nécessitant un stockage permanent. »

On le voit, la perspective est très favorable mais ces travaux ne sont pas achevés, ce qui d'ailleurs explique la prudence du ton. Si les principes sont solidement établis, il reste que, du laboratoire à la mise en œuvre industrielle, diverses étapes doivent encore être franchies. On peut toutefois d'ores et déjà retenir la conclusion du rapport cité ci-dessus : « Les matériaux activés de la fusion ne devraient pas constituer une charge pour les générations futures. »

Arrivés au terme des explications apportées sur la sûreté de fonctionnement du réacteur, nous pouvons reprendre un peu de recul et revenir à une perspective énergétique plus large. Aucun risque, si faible soit-il, n'est accepté de gaieté de cœur mais, et il s'agit là d'une nécessité absolue, nous avons besoin d'énergie : il nous faut donc comparer les diverses solutions qui peuvent être envisagées pour satisfaire ce besoin. Il est bien évident que des études comparatives sont non seulement intéressantes mais tout à fait indispensables pour informer correctement l'utilisateur final des choix que l'on fait en son nom. À titre d'exemple, on peut mentionner ici un résultat concernant une source souvent proposée aujourd'hui, la turbine à gaz. Sans entrer dans les considérations se référant à l'effet de serre mais en ne retenant que l'impact direct sur l'appareil respiratoire humain de la pollution chimique (NOx) répandue dans l'atmosphère par une installation moderne de ce type, on trouvera que la production de 1 TWh, soit 1 000 MW pendant mille heures, provoque cinq décès dans la population. En d'autres termes, un équipement au gaz produisant 1 000 MW et fonctionnant sept mille heures par an (la production d'électricité en France équivaut à 60 équipements de ce type) a pour conséquence inévitable la mort de 35 personnes chaque année. Certes, ce résultat est bien meilleur que ce que l'on obtiendrait en utilisant du charbon ou de la biomasse mais nous sommes loin des chiffres donnés pour la fusion. Redisons que les valeurs données pour la fusion sont des maxima et qu'il est déjà sûr qu'au nombre de milliSieverts indiqué plus haut aucun impact ne pourra être observé ; il se pourrait bien, de plus, comme le pensent nombre de chercheurs, qu'à de tels niveaux il n'y ait en fait aucun impact.

3. **Le coût.** – Les consommateurs que nous sommes désirent, certes, disposer d'une électricité abondante et sûre, mais aussi d'une électricité bon marché. C'est pourquoi la recherche dans le secteur énergétique n'échappe pas aux considérations économiques, quelles que soient par ailleurs ou la subtilité de sa réflexion sur la physique, ou l'habilité de son savoir-faire technologique. Bien que certains s'y soient risqués, nous n'allons pas aller jusqu'à estimer un prix du kilowattheure en l'an 2050 mais allons plus modestement tenter de répondre à la question suivante : une fois franchis les obstacles physiques et technologiques, reste-t-il des obstacles économiques prévisibles qui pourraient priver le résultat de la recherche de tout intérêt pratique ?

A) *Le coût de l'électricité de fusion.* – Cette évaluation bien que laborieuse est relativement simple. On ne rentrera pas dans les détails comptables mais on exposera la méthode du calcul de manière à asseoir la confiance dans les résultats obtenus.

Un réacteur électrogène est constitué d'une chaudière mettant en œuvre la réaction de fusion et des équipements bien connus que sont les turbines, les alternateurs, etc. Pour ces derniers objets ainsi que pour les objets plus classiques comme les enceintes bétonnées, les raccordements et autres prestations, on dispose de prix affichés ; il ne reste donc qu'à fixer le prix de la chaudière. C'est ici qu'intervient l'expérience déjà longue des laboratoires de fusion. En effet, tous les laboratoires qui ont construit des tokamaks ont développé des modèles informatisés qui leur ont permis d'adapter les caractéristiques des expériences projetées aux contraintes budgétaires. Ces modèles fixent les coûts mais anticipent également les performances attendues et permettent de ce fait d'étayer des compromis réalistes. La communauté des chercheurs n'a pas manqué de confronter tous ces modèles et a constaté leur convergence, qu'ils soient évalués en euros, en yens ou en dollars. Aussi existe-t-il aujourd'hui des moyens d'évaluer précisément (à mieux de 15 %) les coûts d'une installation tokamak et ceci dans une large gamme de performances. Et ce qui a été fait pour des expériences a été fait également pour des projets de réacteur. Mais surtout, au cours de l'élaboration d'un grand projet international de la taille d'un réacteur – le projet ITER –, les évaluations des codes se sont trouvées confortées par les résultats des appels d'offres qui ont été lancés auprès des grands industriels mondiaux.

Partant de cette base solide qui fixe le coût du prototype, on ajoute un peu de théorie économique et on déduit le prix de l'objet lorsqu'il sera industrialisé. Évidemment quelques hypothèses sont faites ; évidemment des données devront être confirmées par l'expérience ; de même, des marges d'erreurs existent mais un résultat simple peut être tiré de tout cela : le coût de l'électricité produite devrait se situer dans le bas de la fourchette des coûts affichés par ce qu'il est aujourd'hui convenu d'appeler les nouvelles énergies c'est-à-dire l'énergie éolienne, photovoltaïque, etc. Les recherches sur la fusion laissent effectivement espérer la réalisation *in fine* d'un produit ayant un réel intérêt commercial. Ce point était attendu ; il est confirmé.

B) *Les coûts externes.* – Les calculs précédents n'épuisent pas la question des coûts liés à l'activité d'une filière énergétique particulière. Depuis longtemps déjà des recherches ont cerné de façon précise les pollutions qui résultent de la mise en œuvre d'une filière dans son ensemble et on imagine aisément que ces pollutions entraînent, de fait, un surcoût. Pour traiter cette question, on commence par évaluer les émissions de polluants pouvant avoir lieu aux différentes étapes de la production, depuis l'extraction du combustible ou la fabrication du ciment pour la construction du réacteur, en passant par la production électrique proprement dite, jusqu'au traitement des déchets et au démantèlement de l'installation. Puis on détermine les impacts très divers de ces pollutions sur l'environnement et sur la santé des populations, même si celles-ci vivent loin des lieux où s'exerce l'activité industrielle. Enfin, on franchit l'ultime étape qui consiste à traduire en coût les conséquences de tous ces impacts et à rapporter ce coût au nombre de kilowattheures produits. C'est ainsi qu'est déterminé ce que l'on appelle le coût externe du kilowattheure, car, le plus souvent, il est extérieur à la transaction qui lie le producteur et le consommateur. Partout dans le monde de nombreux travaux ont été faits pour évaluer ces coûts externes ; une étude en particulier a été menée en Europe de 1993 à 1998 par des dizaines de chercheurs de plusieurs pays provenant de toutes les filières énergétiques. Cette étude s'appelle ExternE et c'est elle qui nous sert ici de référence. On imagine aisément l'extraordinaire étendue et la grande diversité des sujets qu'il faut aborder pour pouvoir mettre sur un pied d'égalité les différentes filières énergétiques. Du fait de leur qualité, les résultats d'ExternE sont très souvent utilisés dans les rapports et notes officiels ; ils passent pour les plus complets et les plus homogènes. Il faut ajouter que cette étude s'est imposée la plus grande transparence, de manière à éviter l'écueil idéologique qui souvent rend ce débat improductif.

Les principes à la base de ces calculs venant d'être brossés à très grands traits, on peut maintenant examiner les résultats produits. À titre de comparaison on se souviendra que le coût de production actuel des sources énergétiques les plus rentables se situe au voisinage de 30 millièmes d'euros par kilowattheure. C'est à cette base que devraient s'ajouter les coûts externes pour déterminer en quelque sorte le coût réel de production, celui qui est réglé de toute façon par l'ensemble de la collectivité du fait des diverses mesures qui visent à corriger les effets de la pollution, frais médicaux, frais de restauration des dégradations diverses, etc. Les résultats obtenus peuvent s'illustrer par deux valeurs caractéristiques. La filière charbon présente des coûts externes supérieurs, voire bien supérieurs à 20 millièmes d'euros par kilowattheure, ce qui est une valeur typique des sources d'énergie dont la combustion est le principe de base. La filière photovoltaïque, qui utilise l'énergie solaire, présente des coûts externes sensiblement supérieurs à 1 millième d'euros ; c'est là aussi une valeur typique pour les nouvelles énergies si l'on veut bien ignorer les coûts liés au stockage ou à la substitution pendant les périodes de non-production. Dans les mêmes conditions de calcul, les coûts externes de la fusion se situent aux environs de 1 millième d'euros par kilowattheure.

Ce résultat redit, sous une autre forme, les qualités environnementales de la fusion telles qu'elles ont été décrites au paragraphe précédent ; il fait aussi apparaître une autre facette de la question du coût de l'énergie. Pour bien mettre ce point en lumière et puisque nous nous situons sur des échelles de temps longues, on va reprendre les deux tendances lourdes qui, à n'en pas douter, orienteront le marché de l'énergie dans les années à venir. La première de ces tendances est l'inévitable hausse des prix des combustibles liée à leur non moins inévitable raréfaction. Cette tendance touchera de façon diverse les sources actuelles, mais la fusion ne devrait pas en être affectée puisqu'elle n'utilise pas ces combustibles. La deuxième tendance se lit aujourd'hui à travers la réglementation, les taxes et les subventions touchant le secteur énergétique. On s'oriente nettement vers une réduction des coûts externes et leur intégration au prix du kilowattheure. Cette direction est évidemment souhaitable et ne manquera pas de se confirmer. Or, la prise en compte rigoureuse des coûts environnementaux ne devrait pas davantage gêner le développement de la fusion que ne le fera le renchérissement du coût des combustibles, tout au contraire.

Redisons qu'en aucun cas ces travaux touchant aux aspects économiques ne visent à mettre, de quelque manière que se soit, la fusion en concurrence avec les autres sources d'énergie potentielles ou déjà exploitées. Le faire serait absurde au stade de développement actuel de la fusion. Ces travaux n'ont d'autre but que celui de s'assurer que la recherche entreprise reste bien en permanence centrée sur l'objectif qui lui est assigné : créer une source d'énergie utilisable industriellement et respectueuse de l'environnement. La communauté des chercheurs en matière de fusion veille à actualiser ces conclusions très importantes.

4. **Les ressources.** – Les modèles de réacteur qui nous ont permis de répondre de façon précise aux questions touchant à la sûreté et au coût de production nous permettent aussi, évidemment, de répondre de façon tout aussi claire à la question des ressources nécessaires au développement de la filière fusion.

Lorsque l'on parle de ressources on pense inévitablement au combustible nécessaire au fonctionnement. Or ce n'est pas ici la question la plus importante. En effet, imaginons pour commencer un réacteur fonctionnant avec le deutérium comme seul combustible. Bien que ce combustible soit plus difficile à utiliser que le mélange deutérium tritium, cette hypothèse est tout à fait envisageable. Dans ce cas et puisque le deutérium est tiré de l'eau de mer, dont il est une fraction minuscule, ceci revient à dire que l'on tire de chaque litre d'eau de mer l'équivalent énergétique de 300 l de pétrole. Du point de vue du combustible, on dispose donc d'un « gisement pétrolier » égal à 300 fois le volume de tous les océans, dont l'extraction du deutérium ne fera par ailleurs pas baisser le niveau. Si l'on revient maintenant au mélange deutérium/tritium et en supposant toujours que les éléments de base, le deutérium et le lithium, sont tirés de l'eau de mer, on aboutit à des conclusions voisines.

Il est plus intéressant de considérer le problème des ressources en regardant dans la direction des matériaux nécessaires à la construction du réacteur. On a vu que le réacteur est une structure relativement complexe mettant en œuvre des matériaux originaux. Il est donc légitime de s'interroger sur la disponibilité de telles ressources. Le problème étant maintenant correctement posé, on peut passer directement à la conclusion d'un rapport très officiel commandé par l'Union européenne sur ce sujet. Cette conclusion s'énonce de la manière suivante : il n'y a aucune difficulté à envisager la construction et le fonctionnement de 1 000 réacteurs pendant mille ans. On retiendra donc que la question des ressources, de toutes les ressources nécessaires, ne sera pas une gêne pour le développement de la fusion comme source d'énergie.

Chapitre II

LES ASPECTS TECHNOLOGIQUES

Dans ce qui précède nous avons souvent fixé notre attention sur les problèmes liés à la physique des plasmas. Ceci est bien normal puisque c'est d'abord là que se posent les questions les plus fondamentales et là que des réponses les plus originales doivent être apportées. Est-ce à dire, pour autant, que si ces problèmes étaient parfaitement maîtrisés, le développement de la fusion comme source d'énergie ne présenterait plus aucune difficulté ? Évidemment il en n'est rien et il suffit, pour s'en convaincre, de voir comment, dans des domaines qui nous sont familiers, s'est effectué le passage de la découverte à l'exploitation industrielle. Pour transformer le vol transatlantique inaugural de Lindbergh en un New York - Paris tel que nous le connaissons aujourd'hui, il a fallu de nombreuses innovations techniques dans des domaines très variés et celles-ci se situent bien au-delà de cette branche particulière de la physique qu'est l'aérodynamique. Matériaux nouveaux, avionique, motorisation, c'est dans tous ces domaines et d'autres encore que les progrès technologiques ont permis le développement réel de l'aviation commerciale. Il en ira de même pour la fusion. On peut d'ailleurs souligner que, lorsque la communauté des chercheurs en matière de fusion a fait appel à des commissions d'experts pour recueillir auprès d'eux un jugement extérieur sur ses travaux, les industriels présents dans ces commissions n'ont pas manqué de souligner la nécessité d'entreprendre très tôt de tels développements technologiques qui, à leurs yeux, conditionnent l'avenir de la fusion comme source d'énergie.

Pour essayer d'anticiper ces progrès technologiques indispensables et afin d'éviter de laisser dans l'ombre les questions importantes, on va donc examiner pour son propre compte chacune des deux grandes filières de la fusion, la fusion inertielle et la fusion magnétique. On oubliera un instant la physique et on fixera cette fois l'attention sur des technologies qui souvent sont spécifiques de la filière. Les études prospectives de réacteur à fusion ont largement contribué à élucider les points essentiels où un progrès est attendu, et aujourd'hui les principaux obstacles à franchir sont bien cernés. Pour chacune des technologies examinées on s'efforcera donc de donner la problématique de base puis un rapide survol de l'état actuel des travaux.

I. – La fusion inertielle

Réduit à ses principaux composants, un réacteur fonctionnant sur le principe de la fusion inertielle est constitué d'une *chambre* dans laquelle on projette une *cible* qui elle-même est allumée en vol par un *vecteur d'énergie*. On va maintenant examiner chacun de ces trois grands objets.

1. **La chambre.** – La chambre est le siège d'une production d'énergie à la fois importante, très brève et périodique. La brièveté même du dégagement énergétique fait qu'il peut être comparé à une explosion.

Pour fixer quelques chiffres on peut dire que l'on a à contenir une suite de cinq à dix petites explosions par seconde dont chacune correspond à l'utilisation d'une centaine de kilogrammes d'explosif. La chambre doit donc être protégée de ce qui est émis assez brutalement lors de ces combustions ultra-rapides : les rayons X, les neutrons et les débris de la cible. Les rayons X, en particulier, s'absorbent dans une faible épaisseur de matériau et du fait de leur puissance provoquent une volatilisation superficielle de l'objet rencontré. Cette érosion est la principale difficulté rencontrée puisqu'on l'évalue à un peu moins de 1 μm par cible brûlée.

Pour éviter à la chambre les effets les plus néfastes des émissions brutales de rayons X, deux voies sont actuellement explorées. La première consiste à faire s'écouler continûment un liquide ou des billes, qui certes se volatilisent partiellement mais qui, aussi, se renouvellent sans cesse. C'est la solution dite du « mur liquide ». Si ce mur est assez épais, il peut même assurer la protection neutronique de la chambre. La volatilisation des matériaux protecteurs oblige toutefois à assurer le nettoyage de l'atmosphère de la chambre avant le tir suivant, en un temps de l'ordre du dixième de seconde.

La deuxième façon de protéger la paroi intérieure de la chambre consiste à étaler dans le temps l'impact des rayons X. Le principe en est le suivant : on laisse en permanence dans la chambre une certaine pression d'un gaz bien choisi (xénon, krypton) qui, par le biais des absorptions et des réémissions, va jouer le rôle d'amortisseur. Ce gaz étale dans le temps la pointe de flux des rayons X reçus par la paroi et, de ce fait, en réduit considérablement la valeur instantanée. On évite ainsi la volatilisation et la paroi peut être laissée nue mais, dans ces conditions, la paroi de la chambre subit sans atténuation le flux des neutrons et on doit envisager son remplacement plusieurs fois dans la vie du réacteur. Le principe de protection par atmosphère gazeuse n'est pas universel ; il suppose que cette atmosphère ne perturbe pas la propagation des faisceaux en direction de la cible et ceci n'est vrai que lorsque le vecteur d'énergie est un laser.

2. **La cible.** – La cible de la fusion inertielle se présente comme une petite sphère creuse d'un diamètre de 2 à 3 mm. Elle est constituée en particulier d'une couche de deutérium et de tritium solide qui doit être maintenue à très basse température. Cette bille est ou non suspendue à l'intérieur d'une petite boîte cylindrique que l'on appelle holhraum et dont le diamètre est à peu près le double de celui de la bille. Le bon fonctionnement des cibles suppose une très grande précision dans la fabrication et l'assemblage de la bille de combustible et du holhraum.

Dans les expériences actuelles on emploie moins de dix cibles par jour. Ces cibles sont insérées manuellement dans la chambre où elles sont soit posées sur un support, soit suspendues par des fils très fins. Un réacteur, lui, consommera un peu moins d'un million de ces cibles par jour et elles seront injectées automatiquement au rythme déjà mentionné de dix par seconde dans une chambre dont la température sera supérieure à 500 °C. La production devra donc être massive et l'injection très rapide afin d'éviter que ces cibles très froides ne voient leur température s'élever de plus de 1° lors de leur parcours, d'abord à travers la couverture, ensuite à l'intérieur de la chambre.

À ces contraintes physiques bien établies, s'ajoute une contrainte économique assez sévère. Si l'on compare le prix de vente de l'énergie produite par une cible au prix de revient de cette même cible, on constate que le prix de revient ne doit pas dépasser un demi-dollar. Or des études américaines ont montré que le prix de fabrication de cet objet très délicat se situe, actuellement, aux environs de 2 000 $ pièce. Des progrès très importants sont donc à accomplir et les moyens de production actuels doivent être abandonnés au profit de techniques industrielles entièrement à concevoir.

Les difficultés que l'on vient de voir sont évidentes et l'on a déjà essayé d'imaginer des solutions. Concernant les aspects d'injection des cibles, des travaux assez approfondis ont été publiés. La résistance mécanique de la cible lors de l'accélération durant la phase de projection et la tenue thermique durant la phase de propagation dans la chambre ont été simulées avec précision. Concernant les cadences et les coûts de fabrication, on dispose de quelques propositions mais très peu a été fait pour étayer réellement les techniques correspondantes.

3. **Le vecteur d'énergie.** – On emploie ici le terme de vecteur d'énergie de préférence au mot laser car on va voir que, dans le cas du réacteur, le laser n'est pas le seul moyen imaginé pour assurer la compression et le chauffage des cibles. Les lasers actuels n'ont évidemment pas été conçus dans l'esprit du réacteur et il ne faut donc pas s'étonner que nombre de leurs carac-

téristiques ne soient pas adaptées à la production d'énergie. Toutefois, comme les grands lasers, actuels ou en projet, sont les équipements les plus puissants qui aient été conçus, ils sont en quelque sorte une référence à partir de laquelle on peut apprécier l'importance des évolutions qui restent à faire.

Reprenons donc la problématique du réacteur en l'exposant à partir des possibilités offertes par les lasers existants. Un laser puissant n'autorise actuellement que quelques tirs par jour et le réacteur aura besoin de cinq à dix tirs par seconde, soit plus de 500 000 tirs quotidiens. Sans revenir sur ces chiffres déjà cités à propos des cibles on peut souligner que c'est bien les lasers qui, actuellement, limitent la cadence des tirs.

Une autre caractéristique importante est le rendement, c'est-à-dire la quantité d'énergie que l'on retrouve sur la cible, rapportée à celle que l'on injecte dans le laser en la prélevant sur le réseau électrique. Actuellement, ce type de rendement n'atteint pas 1 % alors que pour le réacteur, 10 à 30 % sont jugés indispensables. À ces deux grandes caractéristiques, on pourrait en ajouter d'autres comme, par exemple, le nombre de tirs possibles sans maintenance (100 millions pour le réacteur contre quelques centaines pour les expériences d'aujourd'hui), mais la conclusion qui découle de ces quelques remarques est que le principe même des lasers actuels utilisant du verre dopé et des flashs doit être abandonné.

Deux grandes voies de recherche se développent pour concevoir le vecteur d'énergie du futur : ou bien l'on reconstruit complètement le système laser, ou bien l'on passe à une tout autre technologie et l'on s'oriente vers l'utilisation d'accélérateurs. Du laser à excimer en passant par le laser solide à diodes, des possibilités existent pour poursuivre la filière laser et ces possibilités sont explorées avec soin mais nous nous arrêterons plutôt à la deuxième voie, celle des accélérateurs d'ions, car c'est elle qui paraît à beaucoup comme la plus prometteuse.

Lorsqu'on est à la recherche de faisceaux capables de délivrer des quantités importantes d'énergie en très peu de temps, on en vient naturellement à considérer les faisceaux de particules que produisent les accélérateurs. Disons tout de suite que ces faisceaux ne bombardent pas directement la cible mais le holhraum ; celui-ci joue alors un rôle de convertisseur et transforme l'énergie des faisceaux en une bouffée de rayons X qui permettent la compression de la bille de combustible. Cela étant dit, l'emploi d'accélérateurs d'ions présente de nombreux avantages. Tout d'abord, les grandes objections faites aux lasers actuels disparaissent d'elles-mêmes : la cadence de dix combustions par seconde est aisée à satisfaire, le rendement énergétique des accélérateurs peut atteindre 40 % et, de plus, la fiabilité de ce type d'instrument est aujourd'hui satisfaisante pour les applications énergétiques que l'on envisage. Des progrès restent pourtant à faire. Tout d'abord l'efficacité d'une cible avec un holhraum doit être confirmée. C'est à cela, entre autres, que s'appliqueront les grands lasers en cours de construction. Mais des progrès sont attendus aussi du côté des accélérateurs car leur domaine actuel de fonctionnement n'est pas exactement le domaine utile pour la fusion inertielle : il faudra conserver la très bonne focalisation que l'on connaît aujourd'hui tout en ayant des faisceaux plus intenses et dans lesquels chaque particule sera moins énergétique. Des travaux sont en cours pour valider les principes de ces accélérateurs à fort courant, qui pourraient d'ailleurs trouver des applications bien au-delà de la fusion inertielle. Enfin il faut, dans ce domaine aussi, espérer une réduction sensible des coûts de fabrication.

Ainsi de réelles perspectives sont ouvertes mais, même si des préférences peuvent être légitimement exprimées, les incertitudes qui pèsent sur les différentes solutions font que nous n'en sommes pas encore à l'heure des choix radicaux.

II. – **La fusion magnétique**

Pour parler des aspects technologiques de la filière « fusion magnétique » nous avons retenu trois domaines fondamentaux : la conception et la fabrication des bobines de champ magnétique, la technologie des composants qui font face au plasma et la télémanipulation des divers objets du réacteur.

1. **Les bobinages.** – Pour fonctionner, un réacteur à fusion magnétique (de type tokamak) a besoin de deux jeux de bobinages afin de créer les champs magnétiques attendus : ce sont ces bobinages auxquels on donne aussi le nom d'aimants.

Un premier jeu de bobines verticales assure le champ toroïdal constant et l'on parle de bobines toroïdales. Un deuxième jeu de bobines placées cette fois dans des plans horizontaux, complète la configuration magnétique et assure, par un champ variable, la créa-

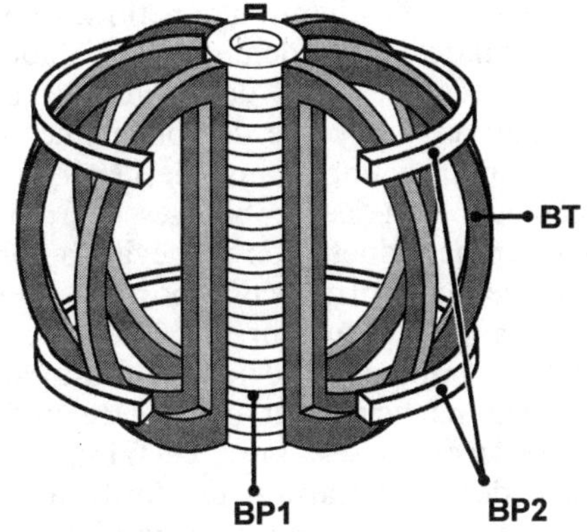

Fig. 7. – Configuration magnétique d'un tokamak

BT : Bobinages toroïdaux (en général une vingtaine de bobines) ;
BP : Bobinages poloïdaux ;
BP1 : Le bobinage central produit le courant qui circule dans le plasma ;
BP2 : Cet ensemble (moins de dix bobines) contrôle la position du courant.

tion, l'entretien et le contrôle du courant circulant dans le plasma. On parle ici de champ poloïdal et de bobines poloïdales.

Par l'intermédiaire des lois d'échelle, la physique du confinement impose la taille du plasma qu'il faut obtenir ainsi que la valeur du champ toroïdal et la valeur du courant qui doit circuler dans le plasma. À partir de ces données de base, on s'aperçoit que les bobines du réacteur sont de grands objets. Les bobines toroïdales mesurent plus de 10 m de haut et les bobines poloïdales mesurent, pour les plus grandes d'entre elles, plus de 20 m de diamètre. Si maintenant on prend en compte les valeurs de champ magnétique qu'il faut atteindre, alors il devient évident que les bobines ne peuvent pas être réalisées avec des matériaux ordinaires comme le cuivre sous peine de consommer une fraction beaucoup trop importante de l'énergie produite par le réacteur. Tous ces bobinages devront être des bobinages supraconducteurs : ceci évite la consommation électrique mais entraîne d'importantes servitudes.

Pour être supraconducteur, le câble avec lequel on constituera les bobinages devra être fabriqué dans un matériau bien particulier et devra être utilisé à des températures très basses. Pour ce faire, le câble est maintenu à des températures de l'ordre de quelques degrés absolus (– 270 °C) par une circulation d'hélium liquide. La conception du câble a été faite pour minimiser le dépôt de chaleur qui résulte des champs variables propres à la configuration tokamak. Le bobinage fait avec ce câble est placé sous vide pour éviter la conduction de chaleur depuis l'air ambiant mais il est aussi protégé du rayonnement par des écrans refroidis. Enfin la couverture du réacteur est pensée pour limiter le flux et l'énergie des neutrons susceptibles d'atteindre les bobinages.

Objets de grande taille, on ne s'étonnera pas non plus que les bobinages soient aussi des objets soumis à des efforts importants. Les courants et les champs magnétiques employés entraînent des efforts considérables qui se chiffrent en milliers de tonnes. Il faut dire, de plus, que le matériau supraconducteur est assez fragile et, sous trop forte contrainte, perd ses propriétés de supraconduction. Pour ne pas risquer cet inconvénient majeur, les bobinages ne seront donc pas faits par un simple enroulement en couches. Au contraire, pour assurer une égale répartition des efforts, on utilisera un gainage adapté du câble, celui-ci étant alors déposé et calé dans des gorges creusées dans l'épaisseur de plaques de renfort. De telles bobines sont des objets mécaniques précis ; elles nécessitent de grands soins lors de leur fabrication qui est, de fait, relativement complexe.

De ce qui vient d'être dit, et sans épuiser le sujet, on tirera aisément ici une dernière conclusion : les bobines magnétiques sont chères et doivent de ce fait être garanties pour la durée de vie du réacteur, ceci étant particulièrement vrai pour les bobines toroïdales dont le remplacement interromprait gravement l'exploitation du réacteur. Diverses précautions sont prises, le fonctionnement de tous ces bobinages est surveillé de près et le moindre incident met en route un système de protection dont les techniques sont connues car déjà employées sur les bobinages actuels. Mais il n'empêche que cette contrainte de fiabilité ne fait qu'augmenter encore l'exigence d'une parfaite maîtrise des procédés de fabrication.

Dans ce domaine, comme dans les autres, on va examiner maintenant les acquis et les perspectives. Tout d'abord, l'emploi de la supraconduction dans de petites installations (imagerie médicale) est une pratique industrielle courante. Dans le cadre des laboratoires de recherche (accélérateurs de particules), des équipements utilisant des grands bobinages supraconducteurs ont déjà été construits et sont régulièrement exploités mais surtout, pour ce qui nous intéresse ici, le tokamak Tore-Supra (Cadarache) fonctionne depuis plus de dix ans avec des bobines toroïdales supraconductrices. Pourtant toutes ces réalisations ne remplissent pas encore les exigences du réacteur. Aussi dans le cadre d'un projet international sur lequel nous reviendrons, on a construit et testé des maquettes qui permettent de valider les méthodes de fabrication et de confirmer les performances des bobines futures. Les grandeurs caractéristiques qui ont été confirmées (parfois largement) sont : le champ magnétique maximal, le courant maximal, l'utilisation en champ variable, la tenue des efforts ; on a aussi effectué 10 000 cycles pour tester la tenue en fatigue. On considère donc que l'on peut aujourd'hui entreprendre avec confiance la construction de ces très grands ensembles de bobinages supraconducteurs qui dépasseront, de loin, les réalisations actuelles.

2. **Les composants faisant face au plasma.** – Lorsque l'on quitte le plasma, on franchit un espace à très faible pression et on aboutit nécessairement sur une surface solide. Cette surface est l'extrémité d'objets assez divers qui vont de la simple plaque de protection jusqu'aux antennes des chauffages haute fréquence ou au cendrier destiné à récupérer l'hélium produit au cœur du plasma *(divertor)*. Ce sont tous ces objets qui constituent les « composants face au plasma » et qui, partageant une situation commune, doivent être traités d'une façon commune, de manière à obtenir une bonne interface entre le plasma et la paroi. On soulignera que c'est à une bonne gestion de cette interface qu'on doit grand nombre des progrès réalisés, encore assez récemment, sur l'allongement des temps de confinement de l'énergie.

Avant d'aborder les solutions mises en œuvre, on peut énoncer les difficultés rencontrées. Le plasma émet en direction de la paroi des particules plus ou moins énergétiques et des rayonnements divers. Ce sont tous les effets de ces émissions qui doivent être contrôlés puisque, comme on l'a déjà indiqué, le plasma doit rester exempt de toute pollution en provenance de la paroi. Les grands phénomènes auxquels on s'attend et que l'on constate effectivement sont au nombre de quatre :

- la paroi peut absorber de grandes quantités des gaz émis par le plasma : ceci est déjà gênant en soi mais risque, de plus, d'ouvrir la voie à un relâchement inopiné et peut-être dangereux ;
- la paroi peut aussi s'éroder sous l'action des particules rapides qui viennent la frapper. Ces chocs renvoient alors des petites quantités de matériau qui vont refroidir gravement le cœur réactif ;
- la paroi peut encore s'échauffer considérablement sous l'impact d'une grande quantité d'énergie et dans ce cas elle se vaporise localement ;
- la paroi peut enfin réagir chimiquement avec le deutérium et le tritium présents pour former des hydrocarbures qui seront décomposés au contact du plasma et contamineront celui-ci.

Même si ces phénomènes ne sont pas toujours compris en détail, ils sont identifiés depuis longtemps. Mais peut-être faut-il rappeler que le plasma ne pèse qu'un gramme et que la présence de moins de 1 % d'atomes indésirables peut en dégrader gravement la température, alors que la paroi est soumise à des flux énergétiques dont la valeur atteint et même dépasse localement 20 MW par mètre carré. Ce dernier chiffre peut être comparé au flux d'énergie à la surface du soleil, ou, plus terre à terre, à 200 fois le flux de chaleur produit par une plaque de cuisinière électrique.

Les travaux technologiques sur ces sujets ont tout d'abord porté sur le choix des matériaux convenables et sur les procédés qui assurent le refroidissement des pièces exposées à ces conditions difficiles. L'expérience a montré aussi qu'il était nécessaire de développer des méthodes de contrôle qui permettent de qualifier les objets produits. Les résultats sont là et, aujourd'hui, on sait fabriquer des composants capables de fonctionner normalement sous les flux que l'on a cités ci-dessus et capables, aussi, de résister à la fatigue qui résulte de cycles successifs alternant une phase de chauffe et une phase de refroidissement. Ces réussites technologiques permettent d'entreprendre, sur les équipements actuels, des expériences portant sur les principes physiques et les conséquences technologiques des plasmas de longue durée.

De tels résultats, très importants en eux-mêmes, préparent résolument les expériences futures. Ils ne peuvent pourtant pas être regardés comme apportant des solutions définitives. La question d'un bon fonctionnement du plasma et d'une durée de vie convenable des composants qui l'entourent n'est pas posée aux seuls technologues car les conditions à remplir sont extrêmes. La physique détermine les contraintes imposées à la technologie mais elle peut aussi les assouplir. On est bien ici devant un problème d'interface et certains progrès sont attendus des recherches physiques. Ces progrès permettraient de mieux traiter les problèmes tels qu'ils se posent aux points les plus critiques. Si la première paroi, dans son ensemble, ne présente pas de difficultés insurmontables, le divertor lui, reste un sujet d'étude tout à fait important et on devine que, mêlant matière solide et plasma, ce soit un sujet difficile.

3. **La télémanipulation.** – À l'intérieur de la chambre à plasma on trouve différents objets que nous avons déjà rencontrés : éléments de couverture, antennes des chauffages haute fréquence, etc. Tous ces objets nécessitent des opérations de maintenance. Pour intervenir dans la chambre il est indispensable d'avoir recours à la télémanipulation car, la machine étant à l'arrêt, le flux de rayons gamma, à l'intérieur de la chambre, est beaucoup trop élevé pour envisager toute autre solution. Ces rayons gamma sont le résultat de l'irradiation neutronique que subissent tous les objets durant le fonctionnement normal du réacteur ; la télémanipulation fait donc partie intégrante de l'installation. Apportons deux précisions élémentaires sur ses conditions d'emploi. Premièrement, la télémanipulation ne concerne évidemment pas toutes les opérations sur la machine puisqu'il y a des zones qui ne reçoivent pas de rayonnement et sont donc accessibles peu après l'extinction du plasma. Deuxièmement, si l'on manipule des objets irradiés ou contaminés par le tritium, on doit disposer, non loin du réacteur, de « cellules chaudes » où sont transportés et traités tous ces objets. Dans ces cellules s'opèrent aussi des opérations par télémanipulation mais celles-ci relèvent de pratiques plus classiques que celles qui seront en œuvre dans la chambre.

Les opérations de télémanipulation effectuées à l'intérieur de la chambre d'un réacteur de fusion présentent quelques grandes caractéristiques communes.

L'environnement de ces opérations est typique de la fusion. Le rayonnement gamma y est plus intense que dans d'autres ateliers chauds et, de plus, les interventions dans la chambre, longues car complexes, exposent tous les composants à des doses importantes. Le rayonnement gamma n'est pas le seul élément d'environnement à considérer : certains instruments – en particulier les instruments d'inspection – doivent fonctionner sous vide et en présence de champ magnétique. De façon très générale aussi, le tore dans lequel on déploie les outils de télémanipulation impose une géométrie peu commode dont les accès sont plutôt difficiles. Enfin, et ce n'est pas la moindre des difficultés, les pièces sont souvent lourdes et doivent être manipulées avec des déports importants tout en assurant une grande précision car les jeux mécaniques sont faibles.

Toutes ces contraintes sont anticipées depuis quelque temps déjà, et la communauté de fusion s'est efforcée d'aborder le sujet en travaillant d'abord sur les aspects qui ne dépendent pas de manière stricte d'un projet précis. Ainsi ont été menés et sont encore menés des travaux systématiques sur le durcissement des composants, c'est-à-dire sur l'amélioration de leur aptitude à fonctionner dans les conditions difficiles que l'on vient de décrire. Ces travaux concernent les moteurs, l'électronique de contrôle commande, les optiques des systèmes de visualisation, etc. On a conçu et réalisé des systèmes remplissant des fonctions très générales, comme par exemple la transmission d'images en provenance de l'intérieur du tore ou encore la découpe, le soudage et l'inspection d'un tuyau exécutés par un outil se déplaçant à l'intérieur de celui-ci. Des grands appareillages ont aussi été étudiés : bras de télémanipulation ou rails porteurs capables d'accepter des outils d'intervention très divers. Enfin une opération complète de télédémontage et de télémontage d'un divertor a été faite sur l'expérience phare qu'est le JET, déjà cité.

Si l'on s'éloigne un peu des considérations relevant directement des techniques de maintenance par télé-opération, la question plus globale qui se pose est celle de la disponibilité du réacteur. Les opérations dont il est question sont, par nature, des opérations qui s'effectuent sous rayonnement et nécessitent, de ce fait, des précautions importantes et des contrôles nombreux. L'emploi de la télé-opération, qui rend ces opérations possibles, entraîne elle aussi son lot de servitudes. La durée des opérations est donc un aspect crucial pour l'économie globale du réacteur à fusion. Aujourd'hui, le temps pris par chacune d'elles est observé avec minutie et tous les efforts sont faits pour le réduire au maximum. La réflexion menée à propos des réacteurs prend d'ailleurs en compte cet aspect des choses dès l'étape de la conception afin de faciliter les opérations de maintenance intervenant par la suite. De toute façon, ces opérations seront validées sur maquette, avant la construction du réacteur. Ces manipulations « à froid » sont le moyen le plus efficace d'éliminer tous les défauts que l'on rencontre lors de la mise en route des systèmes qui ne sont encore que des prototypes.

Des réflexions faites à propos des composants face au plasma, on aura tiré aussi la conclusion que, indépendamment du temps précis que peut prendre chaque opération, la fréquence des opérations reste, aujourd'hui encore, relativement incertaine. Et c'est là que la fiabilité du réacteur devient, peut-être encore plus qu'ailleurs, une qualité indispensable. Seule la pratique réelle, sur un préréacteur de taille convenable, permettra de véritablement qualifier l'ensemble de ces méthodes.

En arrivant à la fin de ce rapide survol des sujets très variés qui font la technologie de la fusion, il n'est pas possible de formuler une conclusion unique, mais on peut retenir cette impression qui, elle, correspond à un fait avéré : les chantiers de la technologie sont nombreux et beaucoup de travail reste à faire.

Chapitre III

L'AVENIR DES RECHERCHES SUR L'ÉNERGIE DE FUSION

Les paragraphes précédents ont montré comment le problème de la fusion se pose dans les laboratoires. On peut ainsi deviner les difficultés rencontrées, interpréter les résultats obtenus et mesurer l'état d'avancement des travaux. Dans la suite, nous changerons de perspective et tenteront de répondre au légitime questionnement qui peut s'exprimer à l'extérieur des laboratoires. Ce qui sera pris en compte, c'est le point de vue de la société en général, du décideur politique ou plus directement encore celui du contribuable puisque tout un chacun peut s'interroger sur l'intérêt de soutenir ces recherches.

La recherche sur la fusion thermonucléaire contrôlée a toujours été une recherche finalisée. Dans ce type de travaux on se préoccupe, certes, de comprendre les mécanismes physiques en jeu mais pas dans une perspective de pur savoir. Le but véritable de cette recherche n'a pas varié : il est de produire de l'énergie, et de l'énergie commerciale. Bien sûr, la fusion a apporté et continuera d'apporter sa contribution spécifique à la science dans les domaines de la théorie, de l'expérience, des moyens de diagnostic ou de la technologie. Il n'empêche qu'au moment des grands choix, tel par exemple celui du maintien ou non d'une filière de recherche, c'est la production énergétique qui a été, et qui demeure, le critère décisif des arbitrages.

Cette remarque préliminaire rappelle le but ultime qui a été assigné aux recherches sur la fusion et installe de façon claire l'angle sous lequel il convient d'apprécier ces travaux. Les prévisions ont toujours leur part d'incertitudes ; néanmoins les laboratoires de fusion se doivent de répondre en permanence à quatre questions simples mais capitales :

– La production d'énergie de fusion a-t-elle un intérêt pour la société ?

– Quelle est la voie qui, raisonnablement, permettra d'atteindre ce but ?

– Quel est aujourd'hui le premier pas d'un engagement concret ?

– Quel environnement est nécessaire pour garantir une industrialisation ?

Nous répondrons successivement à ces quatre questions.

I. – La soif d'énergie

Il est sans doute inutile de décrire une nouvelle fois l'avenir énergétique de la planète ; ce sujet a été largement traité et est en général bien connu, même si parfois telle ou telle polémique vient assombrir la clarté du débat. Le but poursuivi est ici de se replacer dans ce cadre, mais pour en préciser les aspects particuliers qui permettent de situer la fusion dans le concert des solutions envisagées.

Précisons donc tout d'abord les trois hypothèses qui encadrent l'étude.

Première hypothèse : l'échéance 2050. C'est à cet horizon que l'on regarde les choses, et ce, pour plusieurs raisons. À cette échéance, la fusion devrait commencer à trouver sa place sur le marché de l'énergie. Mais l'horizon 2050 est aussi probablement critique pour l'ensemble du système énergétique mondial. C'est en effet entre 2030 et 2050 que la plupart de nos systèmes d'approvisionnement énergétique devront être reconstruits compte tenu des temps typiques de l'évolution de cette branche industrielle. Cette transformation s'opérera alors que deux autres faits pèseront de tout leur poids. À cette date, les ressources énergétiques de l'Europe du Nord (pétrole-gaz) auront disparu et les effets du réchauffement climatique commenceront à se faire sentir dans la vie quotidienne.

Deuxième hypothèse : on va considérer surtout le marché de l'énergie électrique puisque c'est de lui qu'il s'agit quand on parle d'installations de fusion. Cette hypothèse est évidemment restrictive mais n'appelle pas de commentaire particulier.

Troisième hypothèse enfin : c'est d'abord d'une implantation dans les pays développés et typiquement en Europe dont nous parlerons puisqu'il serait irréaliste d'envisager une mise en place simultanée sur l'ensemble de la planète pour ce qui est, reconnaissons-le, une technologie de pointe.

Ces précisions apportées, on peut immédiatement aborder une description de ce marché de l'énergie sur lequel la fusion prétend prendre place. On va d'abord considérer l'étendue de la demande puis on se penchera sur l'offre.

1. **La demande énergétique.** – En s'alimentant, l'homme tire de son environnement l'énergie néces-

saire à sa survie. Mais l'homme y puise aussi de l'énergie pour bien autre chose que sa seule survie. C'est ainsi qu'il a trouvé chauffage, éclairage et protection mais aussi qu'il a développé son agriculture et son industrie. Ce phénomène est universel et touche tout homme : simple ou plus sophistiquée, la demande énergétique croît en proportion du nombre d'hommes sur terre. Et tous les prévisionnistes sont d'accord : la population mondiale va continuer de croître même au-delà de 2050. À cette croissance de la population, correspondra de façon tout à fait simultanée une croissance de la demande énergétique au sens large, toutes formes d'énergie confondues.

Que la demande énergétique croisse avec la population (8 ou 10 Md d'êtres humains dans ce siècle), soit, mais de plus, et il s'agit là aussi d'un phénomène important, la demande énergétique croît parallèlement pour chaque habitant. Illustrons cet aspect par un exemple élémentaire même s'il est un peu caricatural. En Inde, pays de plus d'un milliard d'habitants, la mortalité infantile est due pour une part non négligeable à l'absence d'une bonne conservation des aliments. Imaginons alors que l'Inde, pour 2050, veuille équiper sa population de réfrigérateurs électriques à raison d'un réfrigérateur pour quatre personnes. Oublions l'énergie nécessaire à la construction de ces réfrigérateurs (petits, sans congélateur et économes) et concentrons-nous uniquement sur l'augmentation de consommation électrique qui résulte de leur fonctionnement. Le calcul est simple car un réfrigérateur sobre consomme de l'ordre d'une trentaine de watts en moyenne ; l'augmentation de la consommation par habitant sera donc d'à peu près 8 W (un réfrigérateur pour quatre personnes) et pour l'ensemble de la population, le supplément de consommation sera de 8 GW en permanence. Ceci est la consommation électrique totale d'un pays comme l'Autriche.

Cet exemple montre le double effet du nombre d'habitants et de la croissance, même faible, de la consommation par habitant. Observons bien que, dans l'exemple choisi (et il y en aurait bien d'autres), il ne s'agit en aucun cas d'une consommation superflue ni même d'une consommation de pur confort. Il s'agit là d'une consommation légitime de tous les pays en voie de développement. Pour les habitants de ces pays, aucun discours, même sur le climat, ne pourra justifier l'inaction devant la mort de leurs enfants : les dégâts éventuels dus à la production d'énergie sont sans commune mesure avec les graves conséquences de la pénurie énergétique dans laquelle ils se trouvent actuellement.

Et puisque l'on vient d'évoquer l'éventuel gaspillage, disons un mot des économies d'énergie ou, de façon plus générale, de ce que l'on appelle parfois « la gestion de la demande ». Ces politiques et ces actions visent à intervenir en amont, sur la demande énergétique, pour tenter d'abord de la réduire avant d'entreprendre de la satisfaire. Dans ce domaine, des efforts considérables ont été faits et seront encore faits. Tous les gouvernants, tous les industriels visent à diminuer, pour les uns, le gaspillage qui dégrade leur image politique, pour les autres, l'importance de leur facture énergétique qui dégrade leur marge de profit. Le consommateur lui-même a été sensibilisé à la question par des labels divers ou encore par des campagnes de motivation.

Deux remarques supplémentaires doivent être faites. Une première est que certaines économies sont réelles pour le pays qui les a faites, mais sont probablement un trompe-l'œil pour la planète : plus d'un tiers, voire la moitié des économies d'énergie réalisées aux États-Unis, résultent du déplacement à l'extérieur de ce pays de certaines activités très consommatrices d'énergie au profit du développement, à l'intérieur, d'activités de service. Et l'Europe prend la même voie, comme le montrent les statistiques officielles. Une deuxième remarque est que, même en prenant en compte, sans aucune distinction, toutes ces « économies d'énergie », on constate dans les pays développés que la consommation énergétique a crû considérablement. L'augmentation de la demande dépasse et dépassera dans un avenir prévisible les résultats engrangés par les économies d'énergie. Le rêve d'une diminution de la consommation d'énergie par habitant dans les pays développés est repoussé au-delà de l'horizon. La conclusion que nombre d'experts tirent de ce qui précède est que la demande énergétique globale aura au moins doublé d'ici à 2050.

Le cadre global étant fixé, si maintenant on limite sa réflexion à la demande d'énergie électrique, c'est à une croissance encore plus forte qu'il faut s'attendre tant il est vrai que le développement de la consommation d'électricité (comme le développement des moyens de transport) est associé par excellence au développement économique. De 1920 à 1960, la consommation d'énergie électrique a crû de plus de 6 % par an sur l'ensemble de la planète, fondant la loi du « doublement tous les dix ans ». Certes, cette période de mise en place des grandes applications de l'électricité est pour partie achevée dans les pays développés, ce qui n'empêche pourtant pas d'estimer à 2 % par an la croissance de la demande dans ces mêmes pays pour les décennies à venir. Ceci est vrai malgré le renforcement des programmes d'économies d'énergie, et sans imaginer d'autres usages, tels qu'un développement massif de la voiture électrique.

On peut donc dire aujourd'hui, sans risque d'erreur, qu'une demande d'énergie électrique existe bien, que cette demande est forte et durable, que sa croissance est assurée, même dans les pays développés. On sait déjà qu'elle sera malaisée à satisfaire.

2. **L'offre énergétique.** – Si la demande énergétique, en particulier la demande d'énergie électrique, apparaît comme assez universelle, la nature de l'offre est plus variable suivant les lieux ou les époques. Dans la suite nous concentrerons notre regard sur la situation particulière de l'Europe à l'échéance déjà citée de 2050. Ce n'est d'ailleurs que justice puisque c'est de l'Europe que provient l'essentiel du soutien aux recherches sur la fusion et qu'elle devrait en être la première bénéficiaire. Soulignons tout de même que le Japon, dont les besoins énergétiques sont encore plus pressants, s'est également engagé fortement dans ces recherches.

Quelle projection peut-on faire pour décrire la situation à l'échéance 2050 ? Nous allons nous appuyer sur deux documents officiels récents, l'un émanant de la Commission européenne et l'autre du gouvernement américain. Ces documents, qui furent en discussion au cours de l'année 2001, visent précisément à redéfinir une stratégie énergétique pour les années à venir, quoiqu'à une échéance sensiblement plus courte que 2050. L'origine même de ces documents amène à rappeler une évidence : ils sont politiques et donc marqués par les choix et les idéologies des gouvernements respectifs. Mais y sont aussi exposées des réalités communes qui, dépassant les idéologies, sont incontournables ; ce sont elles que nous retiendrons.

Premier constat, qui ouvre le « Livre vert » de la Commission européenne : l'offre proprement européenne est faible ou, dit autrement, la dépendance énergétique de l'Europe est grande, même si elle reste inférieure à celle du Japon qui importe plus de 75 % de l'énergie qu'il utilise. Aujourd'hui l'Europe importe 50 % de l'énergie qu'elle consomme alors que les États-Unis n'en importent que 25 %, tout en restant le plus gros consommateur mondial. Cette situation présente deux inconvénients de poids. Tout d'abord, elle entraîne un transfert de richesses non négligeable (240 milliards d'euros pour l'Europe en 1999) au bénéfice des pays producteurs, mais surtout elle crée une véritable dépendance politique à leur égard ainsi qu'à l'égard des pays où sont implantées les installations de transit (ports, gazoducs, oléoducs). Si le transfert de richesses peut être compensé par des exportations, la dépendance politique, elle, demeure et son importance est grande, comme le montre à l'évidence nombre de conflits proches des zones de production ou impliquant des pays de transit. Cette dépendance politique semble devoir s'aggraver puisque toutes les prévisions tablent sur un taux de dépendance énergétique de l'ordre de 70 % dans les trente prochaines années. Le fait est là et la Commission européenne ne cherche même plus à agir sur cette donnée ; elle se fixe seulement pour objectif de limiter les risques qui s'ensuivront inévitablement.

Lors de la première crise pétrolière, la dépendance énergétique et ses conséquences économiques et politiques avaient déjà été fortement ressenties ; elles avaient, à l'époque, conduit à développer aussi bien l'énergie de fission que les énergies renouvelables. De fait, ces deux types d'énergie sont encore aujourd'hui les seuls recours possibles puisque même les scénarios les plus optimistes annoncent l'épuisement des ressources de la mer du Nord en 2030. La fusion peut ici devenir une nouvelle ressource et, ce faisant, atténuer les contraintes pesant sur notre approvisionnement énergétique. En utilisant comme combustible un corps extrait de l'eau de mer, la fusion redonnerait en effet à l'Europe la maîtrise d'un vaste gisement énergétique ne relevant que de sa propre volonté politique.

Deuxième constat, qui ne manquera pas de marquer l'évolution du secteur énergétique : le changement climatique, dont les causes et les effets ont été très largement diffusés et sont maintenant bien connus du grand public. D'ores et déjà une conclusion simple se dégage de ces études : la consommation des combustibles fossiles que sont le charbon, le pétrole et le gaz doit être fortement ralentie et ceci au plus tôt, quand bien même les réserves resteraient importantes ce qui, de toute façon, n'est pas le cas. Le problème est grave et appelle des solutions urgentes. Tout cela est connu mais ce qui l'est peut-être moins c'est à quel point le problème est difficile.

Pour bien faire percevoir cet aspect des choses, il suffit d'examiner de façon un peu précise la position européenne. Au nom de tous ses membres, la Commission européenne s'est engagée jusqu'à signer des accords contraignants dont le but est de réduire de près de 8 % les émissions de gaz à effet de serre (gaz carbonique, méthane, etc.) par rapport à 1990. Les Européens n'ont pas manqué de militer bruyamment pour ces accords et ils ont souvent montré du doigt les nations qui, pour leur part, refusaient de contresigner les mêmes engagements. Or, que constate-t-on dans les faits ? Les quelques progrès réalisés ne l'ont été qu'à la faveur de raisons purement conjoncturelles comme dans le cas de la fermeture des usines hyperpolluantes de l'ex-RDA. La tendance de fond dans laquelle l'Europe est en réalité engagée n'est ni de décroissance ni de stabilisation mais bien de forte croissance des émissions de gaz à effet de serre, de plus de 30 % d'ici à 2030. Et ce chiffre est donné par la Commission européenne elle-même ! Alors, à moins de taxer cette dernière d'une formidable duplicité, on est bien forcé d'admettre qu'il y a loin de la coupe aux lèvres : les accords de Kyoto ne seront pas tenus et le changement climatique est en route.

Actuellement, seule l'utilisation de l'énergie de fission et des énergies renouvelables est capable de réduire les émissions de gaz carbonique. Car même si la construction des installations de ces sources d'énergie donne lieu à quelques émissions de ce gaz, ces dernières sont sans commune mesure avec celles provoquées par le fonctionnement quotidien des installations utilisant un combustible fossile quel qu'il soit. Dans le futur, pour les mêmes raisons que celles rencontrées à propos de l'énergie de fission ou des énergies renouvelables, l'utilisation de la fusion provoquera très peu d'émissions de gaz à effet de serre, aussi son déploiement est-il souhaitable au plus tôt. Ainsi que chacun le devine, l'avenir ne fera que donner de plus en plus de poids à cet argument.

On peut aborder maintenant le troisième et dernier aspect tout à fait important de l'offre énergétique, celui de son avenir tel qu'il est actuellement imaginé sur plusieurs décennies. La réflexion est ici conduite à partir des résultats fournis par les divers modèles qui illustrent sous forme de *scénarios* les futurs possibles. Ces scénarios reflètent pour partie les choix politiques qui les fondent ; ils doivent donc être analysés avec prudence et surtout comparés entre eux. Retenons une caractéristique assez universelle de tous ces travaux : dans le bilan énergétique global, la part prévue de l'énergie de fission et des énergies renouvelables reste relativement faible et ce, malgré les qualités intrinsèques dont on a parlé plus haut. À l'évidence, ces qualités ne suffisent pas, à elles seules, à assurer une pénétration forte du marché de l'énergie. En analysant les causes d'un tel état de fait, en mettant en lumière les obstacles au développement de ces énergies, on évaluera mieux la position réelle de la fusion.

Examinons d'abord la situation de l'énergie de fission. Le sujet est très polémique mais l'on ne s'interrogera pas ici sur le point de savoir quelle valeur réelle doit être accordée à tel ou tel argument. On se contentera d'observer que, telles qu'elles sont présentées, les objections au développement de l'énergie de fission portent sur les conséquences d'un éventuel accident grave et sur la gestion de déchets sur des temps longs. Or, on a noté ci-dessus, dans le paragraphe consacré à la sûreté des réacteurs, que dans le cas de la fusion, du fait même de ses qualités propres, de telles interrogations n'ont pas lieu d'être. Précisément, les travaux en cours sont faits pour exploiter les qualités intrinsèques de la fusion et pour les traduire très concrètement dans les faits : c'est dans ce sens que se conçoit et s'organise aujourd'hui le devenir de la fusion.

Pour ne rien laisser dans l'ombre, ajoutons qu'avant le déploiement industriel de réacteurs de fusion équipés des matériaux convenables, quelques réacteurs, pour l'ensemble de la planète, devraient être construits en utilisant des matériaux plus classiques. Ces machines, qui ne produiraient pas de cendres radioactives puisque la réaction de fusion n'en produit pas, laisseraient par contre en fin de vie des matériaux de structure activés. Il faut souligner que la quantité de ces matériaux serait sans commune mesure avec la radioactivité disséminée par la combustion du charbon, méthode de production d'électricité pourtant très courante un peu partout dans le monde.

Comme nous venons de le faire pour l'énergie de fission, examinons maintenant ce qui entrave le développement des énergies renouvelables pour en tirer quelques leçons générales. La Commission européenne a fait de leur développement sa priorité. Le diagnostic est clair : si l'on ne fait que maintenir les aides actuellement consenties à ce secteur, la part des énergies renouvelables dans le bilan énergétique de la Communauté n'atteindra pas 10 % en 2030. Pour tenter de remédier à cet état de fait, la Commission propose nombre de mesures : des investissements massifs de l'ordre de 165 milliards d'euros, des aides à la recherche, à l'investissement, au fonctionnement, un système de taxes pénalisant les autres énergies, des obligations d'achat, des quotas de distribution, des modifications législatives et réglementaires touchant aux conditions d'implantation des installations, etc. Tout cet effort pour porter à 12 % la part des énergies renouvelables – hydrauliques comprises – dans le bilan énergétique européen. On mesure bien là l'importance des difficultés rencontrées.

Tous les documents qui traitent de ces questions mettent en avant trois ordres de difficultés : des difficultés structurelles, financières et réglementaires.

On examinera tout d'abord les difficultés structurelles. Elles surgissent lorsque, quittant un schéma de production et de consommation purement autarcique, on cherche à intégrer les nouvelles sources d'énergies au réseau existant. C'est ainsi, en particulier, que l'occupation de très grandes surfaces ou la nécessité de transformer le flux naturel en électricité sur le lieu même des gisements et non à proximité des lieux de consommation gênent effectivement le développement des énergies renouvelables. Ce type d'inconvénient ne peut gêner le développement de la fusion puisque, au moins vu de l'extérieur, le réacteur à fusion avec sa chaudière, ses turbines et ses alternateurs, ressemble beaucoup aux moyens actuels. Si un effort d'adaptation réciproque, du réseau existant ou de la nouvelle énergie, devait néanmoins se révéler nécessaire, il ne pourrait qu'être minime.

Abordant ensuite les difficultés financières qui entravent le développement des énergies renouvelables, il est utile de distinguer celles liées aux investissements à consentir et celles liées à la valeur marchande de la production.

Les investissements à consentir font problème. Énergies renouvelables et fusion partagent la propriété d'avoir un coût de production qui résulte presque entièrement de l'amortissement du capital investi lors de la construction de l'installation. Ceci revient à dire que l'investisseur paie à l'avance pour tous les kilowattheures qui seront produits. Il va de soi que cette situation n'est guère favorable car elle suppose une forte mobilisation de capitaux et une prise de risques importante. On observera d'ailleurs que c'est exactement la situation inverse qui fait actuellement le succès des centrales thermiques fonctionnant au gaz naturel. Les investissements y sont faibles et les risques financiers ne sont liés qu'au coût du gaz dont l'augmentation sera répercutée sur le consommateur. Énergies renouvelables et fusion sont donc ici à la même enseigne : leur mise en place nécessite des investissements lourds et cela restera toujours un inconvénient par rapport à d'autres sources moins exigeantes.

Que peut-on dire des éventuelles difficultés liées à la valeur marchande de la production ? Si tous les kilowattheures valent 3,6 MJ, ils n'ont pas tous la même valeur marchande : ils ont, bien entendu, d'autant plus de prix que l'offre est faible et la demande élevée. Ainsi, une production asservie aux événements climatiques comme le vent et le soleil est moins bien placée sur le marché qu'une production qui peut s'ajuster à la demande. Ce point est souvent sous-estimé ; il joue pourtant un rôle capital dans la pratique. La façon classique d'atténuer ces aléas est de créer des stocks régulateurs mais ceci est pratiquement exclu dans le cas de l'énergie. En effet, ajouter un système de stockage à grande échelle à un moyen de production d'énergie renouvelable n'est le plus souvent pas possible et, de toute façon, a pour conséquence de renchérir très sensiblement le prix du kiloWatt heure déjà trop cher. De plus, un tel stockage pourrait bien avoir des impacts environnementaux peu supportables. Il n'est, à ce sujet, que de se référer à l'hydro-électricité et à ses moyens de stockage que sont les grands barrages aujourd'hui contestés pour des raisons écologiques. Pourtant, même ainsi stockée, la production hydroélectrique reste encore dépendante de manière très sensible des conditions de pluviométrie. Parce qu'elle utilise un combustible avec lequel on peut aisément constituer des stocks saisonniers ou même annuels, la fusion échappe complètement à cette dépendance climatique et conserve pour sa production la plus grande valeur commerciale possible. Elle peut ainsi soutenir les sources d'énergie dont la production est naturellement fluctuante.

Le dernier ordre de difficultés concerne les contraintes réglementaires. Il est vrai que l'histoire a retenu de nombreux exemples de règlements à la fois tout à fait officiels et tout à fait absurdes. Ainsi en était-il de ce règlement qui, au début de l'automobile, exigeait que tout véhicule à moteur soit précédé, sur la voie publique, par un homme à pied agitant un drapeau rouge *(Red Flag Act)*. Mais, précisément, la société qui fait de tels règlements dispose aussi des moyens de les défaire. Plutôt que de raisonner de façon hasardeuse sur d'hypothétiques règlements à venir, on se contentera donc d'une opinion que certains qualifieront peut-être d'optimiste : sur une question aussi vitale que l'énergie, on peut espérer que la société évitera de s'emprisonner elle-même et, se tenant éloignée également des intérêts trop particuliers et des peurs trop irraisonnées, se donnera des règlements adaptés à un développement harmonieux.

En résumé, le changement climatique et l'état des réserves réelles engendrent beaucoup d'incertitudes sur les ressources énergétiques elles-mêmes et des incertitudes s'amoncellent aussi sur le point de savoir lesquelles de ces ressources pourront être utilisées sans crainte. De plus, des évolutions volontaires pourraient aussi devenir très souhaitables. Ainsi, en ce qui concerne le transport, le choix du développement des biocarburants ou des véhicules électriques, voire des véhicules à l'hydrogène, n'est pas neutre pour le futur des sources d'électricité. Quoi qu'il en soit, il est clair que la fusion dispose de propriétés qui trouveront leur emploi naturel. La fusion a des réserves immenses. La fusion n'influence pas le climat et n'est pas non plus influencée par lui. La fusion évite aussi les autres polluants typiques de toutes les combustions (biomasse et gaz inclus), qui sont à l'origine des épisodes de pollution photochimique déjà trop fréquents aujourd'hui.

Pour autant la fusion n'est pas la panacée mais, avec d'autres procédés, elle peut participer à la résolution de la très difficile question de la constitution d'une offre énergétique destinée à équilibrer une demande légitime. Pour terminer, rappelons que le XXIe siècle s'est ouvert par une crise énergétique grave, qui était une crise d'approvisionnement. Le pays qui en a été la victime ne se situe ni en Afrique ni en Asie ; c'est la Californie qui a connu l'impensable rationnement énergétique. Faisons en sorte que cet événement s'avère une leçon comprise et non une prémonition.

II. – Dans quelle direction aller ?

On a vu que les recherches sur la fusion se développent suivant deux grandes voies : la voie du confinement magnétique et la voie du confinement inertiel. Ces deux voies se divisent elles-mêmes en variantes, tokamak et stellarator pour la fusion magnétique, lasers et accélérateurs d'ions pour la fusion inertielle. Mais aussi variées soient-elles, ces voies ont en commun de nécessiter un équipement de grande taille pour pouvoir progresser en direction du réacteur. Ce simple fait a une conséquence radicale : il oblige à privilégier une voie et une seule.

1. **Le choix de la filière.** – Commençons donc par examiner la situation relative de la fusion inertielle et de la fusion magnétique. On peut dire que la fusion inertielle se développe essentiellement dans un cadre militaire, même si, par ailleurs, elle bénéficie d'apports d'origine universitaire. La simulation des armes nucléaires est l'objectif de ces recherches, ce qui implique la plus grande discrétion. Dans ces conditions, comment imaginer qu'un pays accepte de partager les connaissances qu'il a acquises, pour réaliser avec d'autres un équipement commun ? Comment ce pays s'imposerait-il aussi de se charger seul du développement d'un dispositif à vocation civile ? Ces interrogations de nature exclusivement politique montrent bien que la recherche sur la fusion inertielle ne sortira pas, au moins pour quelque temps encore, des laboratoires classés « secret défense ». Cela n'empêche pas de s'interroger sur le point de savoir si la fusion inertielle ne serait pas, en quelque sorte, à portée de main, ce qui

ne manquerait pas d'avoir une grande influence sur les autres recherches menées en parallèle. Or, il n'en n'est rien. Les deux filières visent l'ignition, mais autant la fusion magnétique peut se contenter de s'en approcher, autant la fusion inertielle doit la dépasser de façon franche pour compenser l'investissement énergétique fait à chaque fois dans chaque cible. Pour les applications civiles il ne suffit pas qu'une cible commence à brûler, il faut, de plus, que la fraction brûlée soit grande. Ainsi la fusion magnétique est plus proche du but ultime, le réacteur, que ne l'est la fusion inertielle. Ce résultat est vrai en termes de performances physiques, mais il l'est aussi en termes de projet de réacteur. Le réacteur proposé par la fusion inertielle nécessite en effet des évolutions radicales. Et ces évolutions ne sont pas de l'ordre du développement ou de l'extension des expériences actuelles ; elles sont de l'ordre de l'innovation. Rappelons qu'il faudra abandonner les lasers actuels pour les remplacer par des lasers ou des accélérateurs qui restent à développer ; il faudra aussi bouleverser la fabrication du combustible pour en diminuer le coût et en augmenter, dans des proportions très importantes, la cadence de production. Tout ceci ne plaide pas en faveur d'un développement rapide de la fusion inertielle à visée énergétique. Observons tout de même que l'intérêt militaire pour ce type de recherche fait qu'il ne sera pas abandonné pour autant : cela laisse donc ouverte la possibilité de saisir les opportunités si elles se matérialisaient.

Dans le domaine de la fusion magnétique, les recherches sont largement dominées, et depuis longtemps, par les capacités de la configuration tokamak, dont le principe a été évoqué plus haut et dont la réalisation concrète sera détaillée un peu plus loin. Le réacteur que cette configuration laisse espérer est aujourd'hui bien défini et l'on peut d'ores et déjà affirmer en confiance qu'il présente, tant au plan de la sûreté qu'à celui du coût, ou encore à celui de son impact sur l'environnement, des caractéristiques attrayantes. La solidité de ces espoirs est fondée sur deux raisons. D'abord, le nombre exceptionnellement grand d'expériences faites sur des tokamaks garantit la robustesse des lois physiques qui permettent de définir la configuration et les dimensions d'un nouvel équipement de ce type. Ensuite, de nombreuses expériences ont déjà exploré des domaines qui concernent directement le fonctionnement du réacteur. Parmi bien d'autres, on retiendra deux expériences exemplaires au sein du programme européens : JET et Tore-Supra.

JET est un tokamak, dont nous avons déjà dit qu'il avait obtenu de très importants résultats, en particulier avec le mélange deutérium/tritium. Pour obtenir ces résultats, un circuit de traitement du tritium a été réalisé et des outils télémanipulés ont été mis en œuvre à l'intérieur même de la machine ; ce sont ces développements qui touchent déjà au fonctionnement et à la maintenance du réacteur.

La deuxième expérience, Tore-Supra, est installée dans le sud de la France. Quand pour les autres tokamaks, la durée d'une expérimentation n'excède pas quelques secondes, avec Tore-Supra la durée des expérimentations atteint et même dépasse la minute, anticipant ainsi le fonctionnement en continu du réacteur. Il s'agit là d'un important résultat physique qui n'a pu être obtenu que grâce à des technologies indispensables pour le futur réacteur, en particulier par l'usage de bobines supraconductrices qui valent son nom à cette expérience.

2. **Le contexte.** – Les recherches sur la fusion sont des recherches difficiles, qui nécessitent un effort long et, désormais, un investissement important. En fait, cette situation n'est pas nouvelle puisque, dans le passé, les recherches sur la fusion magnétique présentaient déjà des caractéristiques semblables, et il est intéressant de rappeler le type de réponse qui a alors été privilégié : la collaboration internationale.

Que les recherches sur la fusion soient des recherches difficiles est une évidence et si l'on excepte quelques déclarations optimistes, certes sympathiques mais bien peu réalistes, on observe que, très tôt, les physiciens ont compris « qu'avant d'atteindre le paradis de la fusion il leur faudrait rester longtemps au purgatoire »[1]. D'ailleurs la déclassification des travaux américains et soviétiques en 1958 n'est rien d'autre que la prise de conscience de cet état de fait. La réponse spontanée à la complexité des questions scientifiques a donc été une ouverture plus grande, des échanges plus nombreux, une collaboration plus étroite, alors même que l'on était en pleine guerre froide. Du reste, c'est à la même époque que l'Europe met en place les bases de son programme de fusion au sein du traité Euratom. Là aussi la concertation va jouer un rôle capital puisque, très rapidement, les programmes nationaux vont perdre leur autonomie pour se placer

1. Propos tenus par L. Artsimovich – père du tokamak – lors d'un congrès en 1961.

dans ce qui est devenu le secteur le plus intégré de la recherche européenne, recherche qui, au fil des années, va occuper une place de tout premier plan. La collaboration internationale permet l'indispensable mise en commun de la meilleure expertise dans tous les domaines. Ce point est crucial, mais il n'est pas le seul.

On a vu, en effet, que des équipements lourds sont maintenant nécessaires : la question des moyens est ainsi posée. Là aussi la collaboration à l'échelle mondiale est décisive. On commence par partager les moyens d'essais existants pour valider les solutions techniques sans avoir à multiplier les installations spécifiques. Puis on partage la responsabilité et le coût de la réalisation, en un exemplaire unique, de l'instrument scientifique indispensable. Cette collaboration, qui permet de partager les frais d'investissement et de fonctionnement, par la transparence qu'elle implique et la concurrence sauvage qu'elle évite, réduit aussi le gaspillage.

Un dernier point doit être évoqué, celui de la durée. S'il est, dans tous les pays, politiquement difficile de prendre des engagements sur le long terme, c'est pourtant bien ce dont il est ici question. Dans un domaine de recherche où le retour rapide sur investissements est exclu, la poursuite de l'effort ne peut provenir que d'une prise de conscience internationale des enjeux et, simultanément, d'une mise en commun des moyens politiques et financiers. Une fois encore, la collaboration – depuis la conception de l'instrument jusqu'au partage des résultats – est une condition *sine qua non* de pareilles entreprises. Acquise depuis longtemps entre tous les laboratoires de fusion, et particulièrement entre les laboratoires européens, elle reste tout à fait déterminante pour une réussite future.

Aujourd'hui la voie du confinement magnétique, et singulièrement dans sa variante tokamak, est la voie la plus prometteuse. On sait aussi que seul le cadre international peut convenir aux recherches sur l'énergie de fusion. Si l'une et l'autre conditions sont remplies, on peut alors sérieusement envisager la création de réacteurs fournissant de l'énergie à partir de la réaction de fusion nucléaire.

Il reste que l'on entend parfois une remarque en forme de reproche : « Les échéances sont encore bien lointaines ! » Alors tournons-nous un instant vers le passé. Depuis que le tokamak existe, en 1968, les performances des laboratoires se sont améliorées de plus d'un facteur 10 tous les dix ans. C'est effectivement à cette allure que l'on s'est approché du critère d'ignition donné par le triple produit de la température, de la densité et du temps de confinement.

Personne n'a donc démérité. Mais qu'en est-il aujourd'hui et qu'en sera-t-il demain ? Aujourd'hui, il reste moins d'un facteur 10 à gagner et cette fois on sait déjà comment le gagner. Il y faudra pourtant plus de dix ans. Les raisons ne tiennent pas à la physique des plasmas mais aux inévitables délais qu'entraîne la réalisation d'une expérience de grande taille conçue et construite par des équipes internationales. Au terme de ce délai, la physique sera confirmée, mais il faudra encore développer les technologies qui seules permettront d'atteindre pleinement les objectifs de la fusion ; l'expérience montre que deux ou trois décades seront nécessaires. À la fin, c'est l'accumulation de tous ces délais qui fixe l'échéance. Mais, à vrai dire, s'il est tout

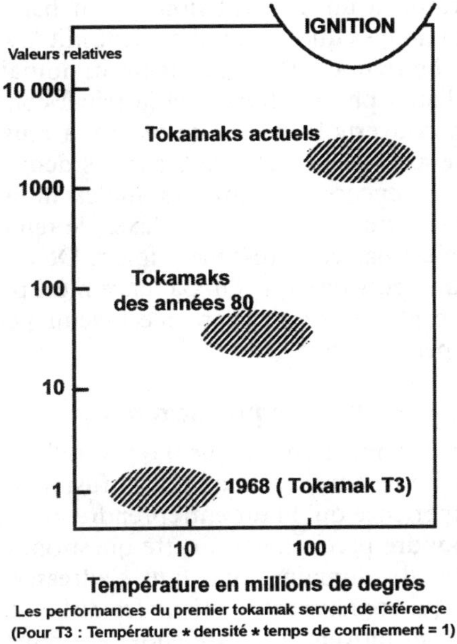

Fig. 8. – Les progrès accomplis

à fait compréhensible que l'on souhaite obtenir le plus rapidement possible les fruits d'une recherche en cours, est-ce pour autant que les délais de la fusion doivent être considérés comme rédhibitoires ? Par le passé, et l'exploration spatiale en est l'exemple typique, on a vu des réussites rapides et tout aussi rapides furent les passages du laboratoire à l'industrie. Cet exemple est emblématique mais de nombreux contre-exemples existent, à commencer par les recherches sur le cancer, qui pourtant, à un moment donné, ont bénéficié des mêmes avantages que ceux qui avaient fait le succès de la recherche spatiale. Pour s'en tenir au domaine énergétique, l'effet photovoltaïque et la pile à combustible ont été découverts la même année, il y a plus de cent cinquante ans, et les recherches sur ces deux sujets se poursuivent encore. D'autres exemples montrent de même que, pour des sujets complexes, le temps de recherche n'est pas compressible à loisir. De ce qui précède on doit conclure que l'impatience n'est pas bonne conseillère et que rien encore n'est venu périmer la vertu de persévérance.

III. – Le prochain pas

Supposons maintenant que l'on veuille s'engager dans la mise en œuvre pratique de la fusion, quelle est alors l'expérience qu'il faut entreprendre aujourd'hui ? Pour répondre précisément à cette question, c'est aux spécialistes du domaine qu'il faut s'adresser puisque c'est eux qui connaissent le mieux les difficultés à surmonter et les moyens à mettre en œuvre pour améliorer notre maîtrise du sujet. Ce recours aux spécialistes ne nous prive aucunement de notre faculté de jugement, simplement nous allons la réserver le temps de disposer d'une bonne description de ce qui est proposé. Chacun restera alors libre de son avis.

Le pas que souhaite faire aujourd'hui la communauté scientifique s'appelle ITER et en voici les caractéristiques essentielles.

1. **Le point de vue du concepteur.** – Décrivons d'abord la conception du réacteur ITER en s'aidant du schéma joint, page ci-contre.

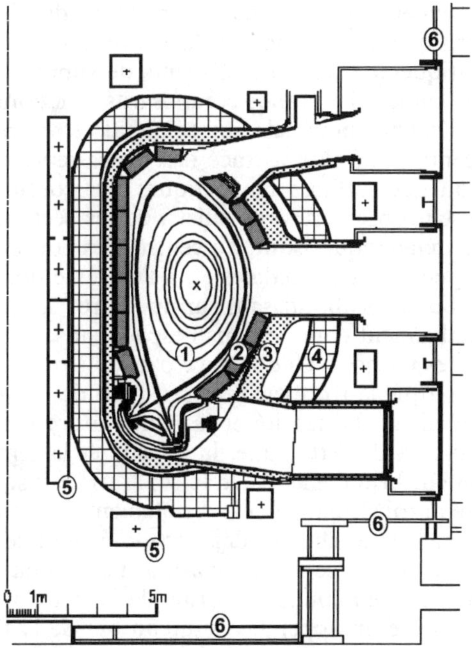

Fig. 9. – Coupe méridienne d'ITER

Ce schéma représente une coupe verticale de l'appareil ou plus exactement une demi-coupe puisque l'axe vertical du dispositif est placé à gauche et que n'est représentée sur la figure que la partie située à droite de cet axe. On imaginera la partie gauche comme symétrique de la partie droite et, de plus, on observera que, pour simplifier la figure, on a laissé de côté pratiquement tous les éléments de support en ne représentant que les grands composants fonctionnels.

Les éléments matériels du tokamak entourent la partie centrale où l'on a tracé des lignes représentant la section des surfaces magnétiques qui confinent le plasma. On observera à ce sujet que les sections des surfaces magnétiques sont, au centre, des courbes fermées vaguement ellipsoïdales et, à l'extrême bord, des courbes ouvertes aboutissant sur une paroi. Le plasma est véritablement confiné dans l'espace où se trouvent les surfaces fermées. Une surface particulière : la séparatrice marque la frontière (en trait fort) de la zone de confinement où la densité et la température sont élevées. Au-delà de cette zone, la densité et la température chutent brutalement. De la séparatrice jusqu'à la première paroi s'étend le vide d'isolement du plasma.

Empruntons le chemin déjà proposé pour le réacteur et partons du centre du plasma. Le plasma prend grossièrement, en coupe, la forme de la lettre D à laquelle s'ajoute un appendice situé au bas de la figure, appendice qui lie le plasma à un équipement jouant le rôle de cendrier. C'est ici que l'on récupère par pompage la cendre hélium mélangée aux gaz imbrûlés lorsqu'ils franchissent la séparatrice. Le plasma, quant à lui, occupe l'ensemble de la place au centre et rayonne son énergie en direction des murs qui l'entourent. Quittant le plasma, on trouve d'abord les petits pavés de la couverture avec, face au plasma, le revêtement qui fait office de première paroi. La couverture d'ITER est prévue pour évacuer la chaleur et produire du tritium. Juste à l'arrière de la couverture, on rencontre la double paroi qui constitue la chambre à vide indispensable à la survie du plasma. L'intérieur de cette chambre est accessible par trois séries de hublots qui sont représentés au bout des canalisations ; ces hublots permettent d'introduire et d'extraire les composants internes : chauffage, couverture, cendrier (appelé aussi *divertor*).

Au-delà de la chambre à vide s'ouvre un autre espace clos contenant deux jeux de bobinage typiques du tokamak. Les bobinages du tokamak ayant été décrits dans le paragraphe traitant de la technologie, on se contente ici de donner les caractéristiques retenues pour ITER. Ces données doivent être interprétées comme les dimensions minimales pour le réacteur. Un premier jeu, les bobines toroïdales, est constitué de 18 bobines verticales en forme de D et entourant la chambre à vide. Ces bobines assurent l'essentiel du champ magnétique soit ici 5 Tesla. Le deuxième jeu, les bobines poloïdales, est constitué d'un bobinage cylindrique central complété par 6 bobines circulaires placées horizontalement et dont la section est représentée, en coupe sur la figure, par des rectangles ayant en leur centre une croix. Ces bobinages, à eux seuls, permettront des durées de plasma de plus de 400 s, étant entendu que le fonctionnement continu sera recherché à l'aide des moyens de chauffage auxiliaire. Comme pour le réacteur dont elles annoncent la structure, toutes ces bobines (18 + 1 + 6) sont supraconductrices et leur maintien à basse température suppose qu'elles soient placées sous un vide d'isolement. La chambre à vide les isole de la chaleur émanant du plasma et la couverture les protège du flux neutronique, mais elles doivent aussi être protégées de la chaleur ambiante. C'est pour cela que l'on trouve une nouvelle paroi cylindrique appelée cryostat qui recouvre toute la machine et, par le vide que l'on y fait, protège de la chaleur venant, cette fois, de l'extérieur. Cette paroi n'est que partiellement représentée sur le schéma. On l'aura compris : la première chambre à vide dont il était ci-dessus question est elle-même placée dans cette autre chambre à vide qu'est le cryostat ; ces deux « vides » sont indépendants, le plasma est dans le premier et les bobinages dans le second.

Il est utile de conserver à l'esprit les grandeurs et poids en jeu. C'est ainsi que le diamètre du cryostat est de 28 m et sa hauteur de 24 m, que le poids d'une bobine toroïdale et de sa structure de support atteint près de 300 t, que le plasma lui-même a un volume d'un peu moins de 1 000 m^3 mais que sa densité étant à peu près un million de fois plus faible que la densité de l'air, son poids n'est que de l'ordre du gramme.

2. **Les objectifs.** – La machine qui vient d'être décrite a été conçue pour atteindre quelques grands objectifs dont les trois principaux sont les suivants :

– il s'agit, pour le physicien, de passer aujourd'hui le cap de la production réelle de puissance, c'est-à-dire de faire un plasma dans lequel le chauffage dominant soit produit par la réaction de fusion elle-même. Cela ne peut se réaliser qu'au-delà d'une certaine taille de machine et l'on prévoit que le plasma d'ITER produira 500 MW de puissance de fusion soit dix fois plus que la puissance qu'il recevra. Sans être un objectif, l'auto-entretien de la température du plasma – ce que l'on a appelé plus haut l'ignition – n'est pas hors de portée d'ITER. Ajoutons, pour l'anecdote, que la chaleur produite par ITER ne sera pas transformée en électricité car si ITER n'est déjà plus tout à fait une expérience de laboratoire, il n'est pas encore un réacteur électrogène. Cette transformation, courante dans l'industrie et dont on n'attend aucun enseignement particulier, ferait peser sur le fonctionnement d'ITER des contraintes qui risqueraient d'entraver son exploitation scientifique ;

- d'ITER, l'ingénieur attend qu'il confirme la disponibilité des technologies essentielles à la fusion (supraconduction, etc.) et qu'il teste, quand le réacteur est en fonctionnement, ses futures couvertures tritigènes. La fabrication des composants mais aussi les conditions de leur exploitation et leur fiabilité réelle seront aussi regardés en détail pour établir la viabilité industrielle et économique de la fusion ;
- de façon plus générale, pour tout un chacun, ITER doit démontrer l'intérêt réel de la fusion tant sur le plan de la production d'énergie que sur celui de l'impact sur l'environnement.

On voit que ces objectifs, qui sont loin d'être mineurs, situent bien l'état actuel de la recherche. Si, par définition, les objectifs que l'on assigne à une expérience visent des résultats que la recherche n'a pas encore obtenus, ils sont aussi les résultats que la communauté scientifique considère comme étant réellement à sa portée.

3. **Les moyens nécessaires.** – On ne peut parler sérieusement d'une expérience de la taille d'ITER sans

s'interroger, même sommairement, sur les investissements qu'elle suppose et sur les délais d'un retour sur ces investissements :

- le coût de l'expérience a été chiffré avec grand soin et le projet a évolué en fonction de ce coût. Après diverses optimisations ainsi qu'un ajustement des objectifs, le coût de l'investissement ITER est aujourd'hui évalué à 3,5 milliards d'euros ;
- le budget « temps », lui, peut se décrire de la manière suivante. Le temps de construction, autrement dit le temps qui s'écoulera entre la décision et l'obtention du premier plasma, sera de quatre-vingt-seize mois, soit huit ans. Ensuite, la mise en route se fera de façon progressive : pendant trois ans, on testera la machine et on réalisera le plasma attendu. Pendant ces trois ans on utilisera de l'hydrogène ordinaire et l'on ne produira donc pas de réaction de fusion. Après cette première phase et durant un an, pour d'ultimes mises au point, on utilisera le deutérium pur et on produira les premières réactions de fusion. Ceci aura pour effet la production de neutrons en faible quantité et permettra de garantir le fonctionnement au flux neutronique nominal. Après ces préparations on utilisera le mélange deutérium-tritium, et pendant trois ans on recherchera les performances optimales. Au-delà de cette phase, la machine sera plus exploitée qu'étudiée et servira à des fins diverses telles que les études de fiabilité ou les études de caractérisation des composants du réacteur futur. Cette dernière activité pourra évidemment varier en fonction des résultats obtenus et des nécessités rencontrées.

4. **Quelques idées simples.** – Après cette description qu'il serait aisé de compléter puisque le projet ITER est désormais sur la place publique, prenons un peu de recul et regardons, au-delà des détails techniques, ce qu'il est important de retenir.

Commençons par observer que, après cinquante ans de dur labeur, les physiciens du plasma attendent leur dernière expérience, celle, décisive, où le plasma sera enfin un producteur net d'énergie. Le feu stellaire sera alors apprivoisé. On peut ajouter que, dans l'esprit de beaucoup de ces physiciens, le résultat tant désiré ne fait guère de doute, même s'il n'est de certitude qu'expérimentale.

Une autre évidence banale mais tout à fait exacte est que cette expérience est d'une taille impressionnante et utilise diverses technologies de pointe d'une assez grande complexité. Cette constatation appelle deux remarques. Tout d'abord, taille et complexité renvoient au problème du coût de l'énergie produite et ce point a été traité plus haut. Mais, pour ce qui est du coût de l'expérience elle-même, il faut souligner que, dès ses origines, cette expérience a été conçue dans le cadre d'une collaboration réellement planétaire. Aussi la charge financière est-elle largement partagée et ne peut représenter un obstacle véritable. On ne revient pas ici sur la collaboration internationale à l'œuvre quotidiennement pour ITER et dont l'intérêt déjà signalé va évidemment, y compris pour le grand public, bien au-delà d'un simple partage de moyens.

Tout ce qui vient d'être dit sur la nature précise de l'expérience ITER permet de tirer une autre conséquence. Réaliser cette expérience, c'est s'ouvrir une possibilité réelle, mais ce n'est pas s'engager déjà dans la voie de l'exploitation industrielle. Après l'ultime expérience, la construction de réacteurs de fusion est encore une autre décision et si ITER fournit la connaissance, il n'entame en rien la liberté des choix énergétiques.

IV. – L'indispensable programme d'accompagnement

Seul un physicien du plasma pourrait se contenter d'une expérience dont le but unique serait d'approcher, voire de réaliser, l'ignition. Une telle expérience bien instrumentée et bien comprise comblerait, certes, le désir du chercheur, mais la fusion se fixe des buts beaucoup plus pratiques. Se contenter de la preuve physique reviendrait à se satisfaire d'une fusée d'artifice là où l'on attend un lanceur de satellites ! Pour le physicien, aussi bien la fusée d'artifice que le lanceur de satellites établissent parfaitement le principe de la propulsion par réaction, mais il est inutile d'épiloguer sur leur intérêt comparé. De plus, il est peu probable qu'une expérience de fusion, si réussie soit-elle, soulève le même intérêt populaire que le feu d'artifice. Il nous faut donc aller un peu plus loin en anticipant l'application concrète du principe étudié, autrement dit en préparant le réacteur.

Anticiper le réacteur alors que c'est ITER qui fournira la preuve expérimentale que ce réacteur est possible, voilà qui demande quelques explications. Il serait effectivement tentant, voire même naturel, d'attendre la preuve avant d'entreprendre. Essayons pourtant de penser un peu l' « après-ITER » et ce qu'il adviendra lorsque l'on voudra passer de l'expérience de physique à la réalisation industrielle.

On va prendre cette question sous un aspect qui n'épuise pas le sujet mais qui met bien en lumière les difficultés que l'on peut rencontrer. Un réacteur industriel ne peut être construit que lorsque les autorités ont établi sa sûreté, que lorsque l'industriel qui investit a quelques garanties sur la durée de vie de l'installation et sur ses conditions d'emploi, que lorsque aussi est réglé le problème des déchets d'exploitation et de démantèlement. Sûreté, maintenance, démantèlement : au cœur de toutes ces questions s'impose la nécessité absolue d'une connaissance à la fois détaillée et très approfondie des caractéristiques des matériaux avec lesquels le réacteur sera construit. Or, on l'a déjà souligné, ces matériaux doivent être créés pour le réacteur. C'est ici que se noue le problème et nous allons l'examiner d'un peu plus près.

Pour créer un nouvel alliage métallique on commence par retenir une composition précise. Il faut savoir qu'à cette étape certains aspects théoriques et l'expérience acquise sont certes des guides indispensables parce qu'ils permettent d'éviter de nombreux errements, mais on ne peut pas définir « sur papier » la composition du matériau idéal. Des retouches plus ou moins importantes sont indispensables. Après cette phase de définition, on procède à la réalisation d'une coulée du nouveau métal, puis à la fabrication d'échantillons qui vont être soumis à de nombreux tests. On caractérise ainsi le matériau sur le plan de ses capacités mécaniques, de sa résistance à la corrosion, de sa tenue sous rayonnement, etc. Le plus souvent, cette phase achevée, on retourne à la définition de la composition puis à la caractérisation et l'on recommence ainsi l'opération jusqu'à obtenir les propriétés désirées. Certains essais sont nécessairement complexes comme ceux qui étudient l'effet simultané de plusieurs paramètres, par exemple l'effet d'un milieu corrosif sur le métal soumis à la fois à des contraintes mécaniques et à un flux de rayonnement neutronique. D'autres essais sont nécessairement longs comme ceux qui visent à garantir la durée de vie de matériaux soumis à des efforts cycliques (on parle alors d'essais en fatigue). En bref, le développement d'un alliage est une opération très longue, et ce d'autant plus que le métal de départ est moins connu, ce qui est le cas de plusieurs des alliages envisagés pour la fusion. Il est banal de faire observer qu'une nuance d'acier est plus vite industrialisée qu'un alliage spécifique de vanadium dont à ce jour seules quelques tonnes ont été produites et pour lequel de nombreuses études et un grand nombre d'essais restent à faire. Il importe donc que ce type de travaux soit entrepris en temps voulu pour pouvoir être testé dans l'expérience ITER et être au rendez-vous des résultats physiques qui risqueraient, sans cela, de rester sans emploi.

On vient de traiter avec quelques détails de la question des matériaux car, en effet, ce sont ces études qui fixent les échéances les plus lointaines. Mais il suffit de revenir un instant sur l'environnement technologique du réacteur pour percevoir que d'autres sujets nécessitent aussi des développements importants. Les recherches sur la fusion ne doivent pas et ne peuvent pas se réduire à une expérience, aussi prestigieuse soit-elle ; elles supposent aussi un programme de développement des technologies du réacteur.

Ce qui vient d'être dit reprend d'ailleurs un fait constant dans toute l'histoire de ces recherches. La fusion est une idée neuve et chaque étape de son développement a nécessité des développements technologiques qui accompagnaient les avancées physiques. Ce furent d'abord les alimentations électriques spécialisées puis les bobinages magnétiques en cuivre et les bobinages supraconducteurs pour des champs intenses de grand volume ; ce fut enfin et plus récemment, le développement des outils de télémanipulation ou des matériaux résistants aux flux thermiques élevés. Toutes les grandes expériences ont ainsi provoqué des recherches technologiques et les résultats obtenus furent directement dépendants des innovations mises en œuvre. ITER lui-même a déjà pris en charge ses propres développements en fait de bobinages supraconducteurs ou de télémanipulation mais ITER doit être, et sera, un banc d'essai pour le réacteur. Aujourd'hui, nous sommes proches de la production réelle d'énergie et il faut préparer cette étape de manière à ce que le résultat physique attendu ne reste pas une curiosité scientifique mais s'inscrive bien dans la réalité industrielle la plus quotidienne. Il en va tout simplement de l'intérêt de cette recherche pour le grand public.

CONCLUSION

On sait que l'énergie qui nous parvient du soleil et des étoiles plus lointaines trouve son origine dans une réaction maintenant bien connue : la fusion thermonucléaire. On sait aussi, pour l'avoir expérimentée, que cette réaction peut être reproduite sur notre planète : elle libère alors des quantités considérables d'énergie. Ce que l'on sait moins en revanche c'est qu'aujourd'hui, appuyés sur une expérience solide, les laboratoires qui mènent les recherches sur ces sujets savent concevoir, sur ce même principe, un dispositif producteur d'énergie. Dans cette filière énergétique les ressources sont immenses, la production indépendante des aléas climatiques ou politiques et la pollution résultante remarquablement faible.

Développer ce procédé suppose une confirmation expérimentale en vraie grandeur dans un dispositif construit à cette fin. Cette expérimentation doit être accompagnée d'un programme de soutien technologique permettant d'élaborer les matériaux et les techniques nécessaires pour que l'intérêt économique puisse être garanti. Cette expérience faite, la fusion sera alors apprivoisée mais il faudra encore, au vrai sens de ce mot, la domestiquer. La mise en œuvre industrielle pourrait avoir lieu un peu avant le milieu du siècle alors que l'épuisement des ressources et les conséquences climatiques de notre consommation se feront fortement sentir.

Les besoins énergétiques mondiaux ne vont pas cesser de croître et les moyens de les satisfaire vont continuer de se raréfier. Les enjeux sont donc immenses et la fusion – avec d'autres sources d'énergie – doit contribuer à relever ce défi de façon réaliste. Les coûts et les risques de cette recherche sont mutualisés au niveau de la planète et l'effort à fournir est donc minime. Alors, en ce qui concerne l'énergie, peut-être n'est-il pas absurde, peut-être même est-il moral ou tout simplement raisonnable, d'essayer de laisser à nos descendants autre chose qu'une planète vidée et une atmosphère encombrée. À eux de décider de l'usage qu'ils feront de cet héritage.

RÉFÉRENCES

LA PHYSIQUE DES PLASMAS ET LA FUSION

Ouvrage d'introduction

P.-H. Rebut, *L'énergie des étoiles. La fusion nucléaire contrôlée,* Odile Jacob.

Ouvrages techniques

La fusion thermonucléaire contrôlée par confinement magnétique, coll. « CEA Série scientifique », Masson.

La fusion thermonucléaire inertielle par laser, coll. « CEA Série Synthèses », édité par R. Dautray et J.-P. Watteau, Masson.

Safety and Environmental Impact of Fusion, EFDA S-RE-1, April 2001.

Socio-Economic Research on Fusion, EFDA RE-RE, July 2001.

LES POLITIQUES ÉNERGÉTIQUES ET LEURS JUSTIFICATIONS

États-Unis

Reliable, Affordable and Environmentally Sound Energy for America's Future, Report of the National Policy Development Group, May 2001.

Europe

Livre vert : Vers une stratégie européenne de sécurité d'approvisionnement énergétique, Commission européenne COM, 2000, 769 final.

GÉNÉRALITÉS

Rapport sur *L'évaluation de l'ampleur des changements climatiques, de leurs causes et de leur impact prévisible sur la géographie de la France à l'horizon 2025, 2050 et 2100*, M. Deneux, OPECST, Sénat, n° 224, Assemblée nationale, n° 3603.

Rapport sur *L'état actuel et les perspectives techniques des énergies renouvelables,* C. Birraux et J.-Y. Le Déaut, OPECST, Assemblée nationale, n° 3415, Sénat, n° 94.

TABLE DES MATIÈRES

Imprimé en France
par Vendôme Impressions
Groupe Landais
73, avenue Ronsard, 41100 Vendôme
Avril 2005 — N° 52 227